Paris

1844

Girardin, Jean-Pierre Louis

Des fumiers considérés comme engrais

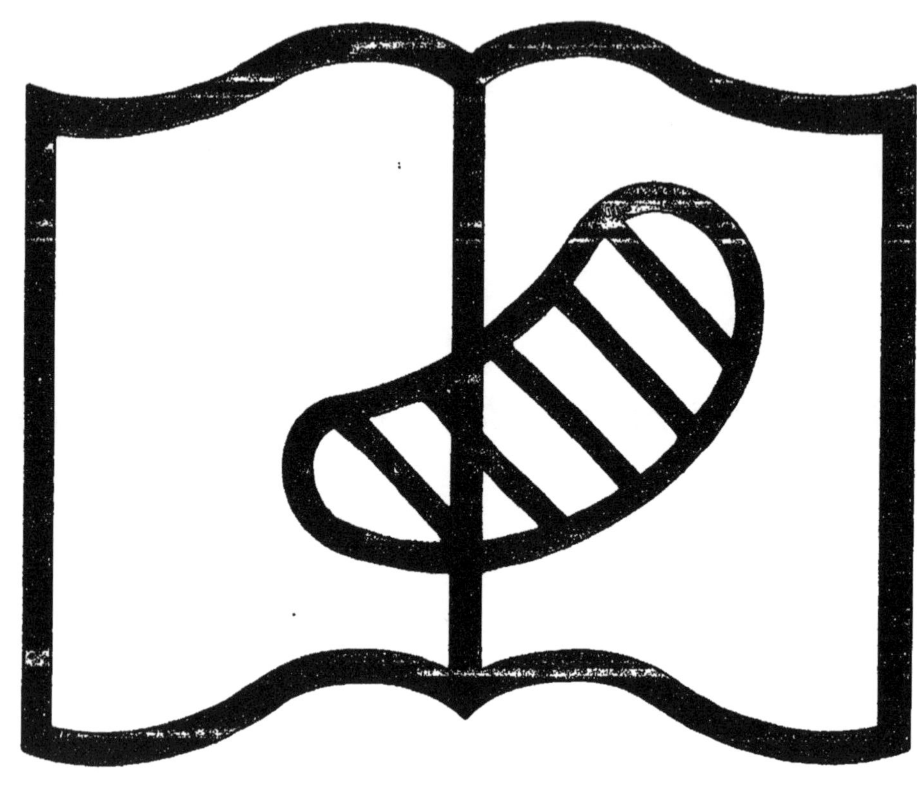

Symbole applicable
pour tout, ou partie
des documents microfilmés

Original illisible

NF Z 43-120-10

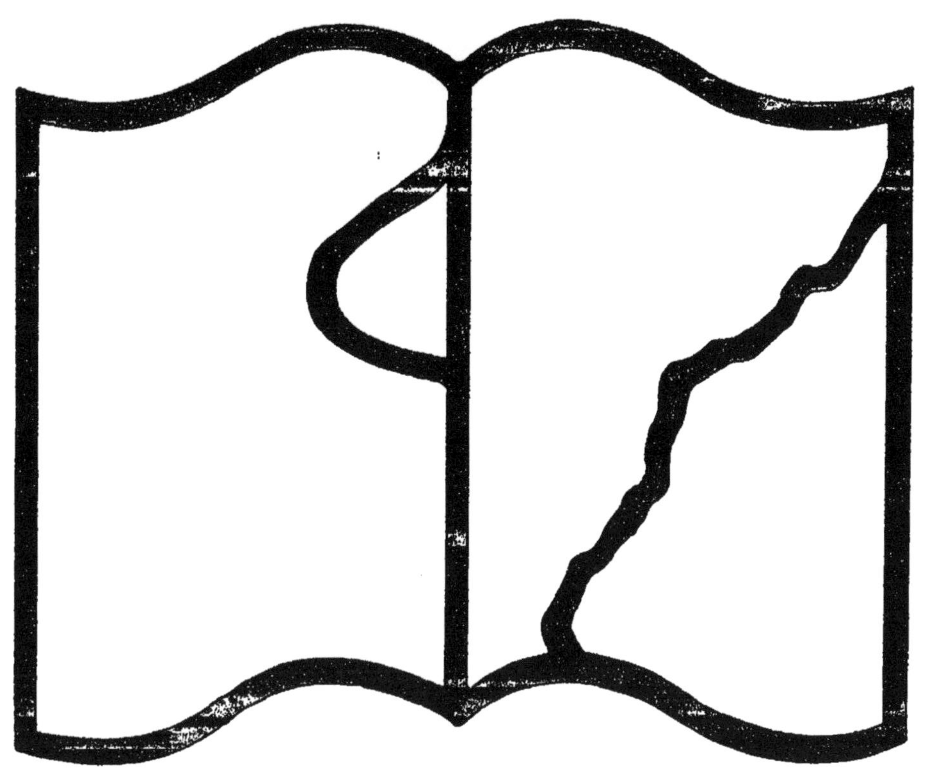

Symbole applicable
pour tout, ou partie
des documents microfilmés

Texte détérioré — reliure défectueuse

NF Z 43-120-11

DES FUMIERS

CONSIDÉRÉS

COMME ENGRAIS.

ROUEN. IMP. DE I.-S. LEFEVRE, RUE DES CARMES, 20.

DES FUMIERS

CONSIDÉRÉS

COMME ENGRAIS.

FRAGMENTS

De Leçons de Chimie agricole,

Faites à l'École d'Agriculture et d'Économie rurale du département de la Seine-Inférieure,

PAR J. GIRARDIN ✻,

Professeur de Chimie à l'École municipale de Rouen et à l'École d'Agriculture et d'Économie rurale du Département, Correspondant de l'Institut royal de France, etc.

3e Édition,

Revue, corrigée et augmentée.

PARIS,

FORTIN-MASSON ET Cie,

PLACE DE L'ÉCOLE DE MÉDECINE.

1844.

ERRATA.

Page 2, ligne 9, au lieu de : *auss*, lisez : *aussi*
ligne 16, au lieu de : *fies*, lisez : *ties*.
ligne 21, au lieu de : *tertilisantes*, lisez : *fertililisantes*.
33, ligne 10, au lieu de : *détrui*, lisez : *détruit*.
ligne 24, au lieu de : *rationel*, lisez : *rationnel*.
34, ligne 3, au lieu de : *développé*, lisez : *développée*.
53, ligne 4, au lieu de : *mêmes*, lisez : *même*.
66, ligne 10, au lieu de : *compost*, lisez : *composts*.
70, ligne 16, au lieu de : *frottemen*, lisez : *frottement*.
95, ligne 3, au lieu de : *ou on étend*, lisez : *où on l'étend*.
109, ligne 8, au lieu de : *uourriture*, lisez : *nourriture*.

C'est le fumier qui réjouit, réchauffe, engraisse, amollit, adoucit, dompte et rend aises les terres lasses par trop de travail, celles qui, de leur nature, sont froides, maigres, dures, amaires, rebelles et difficiles à cultiver, tant il est vertueux.

Olivier de SERRES. — *(Théâtre d'agriculture)*.

Comme les fumiers font la richesse des champs, un bon agriculteur ne doit rien négliger pour s'en procurer; ce doit être là le premier de ses soins et de sa sollicitude journalière, car, sans fumier, il n'y a pas de récolte.

CHAPTAL. — *(Chimie appliquée à l'agriculture)*.

C'est sur les engrais de ferme composés de végétaux et de déjections animales que nous devons surtout compter pour maintenir la terre en produit.

DE GASPARIN. — *(Cours d'agriculture.)*

On peut, à la première vue, juger de l'industrie, du degré d'intelligence d'un cultivateur, par les soins qu'il donne à son tas de fumier.

BOUSSINGAULT. — *(Économie rurale.)*

AUX CULTIVATEURS NORMANDS.

La base de l'agriculture, c'est l'Engrais.

De tous les engrais, c'est le fumier des animaux qui convient le mieux à la généralité des sols et des cultures.

La raison, d'accord avec les faits, vous dit que le plus sûr moyen d'accroître vos récoltes et d'améliorer vos champs, c'est de fumer beaucoup.

Mais, pour fumer beaucoup, il faut avoir du fumier en abondance.

Si vous manquez généralement à cette première condition, c'est que vous négligez le moyen de produire le fumier, et que vous mettez trop d'insouciance à bien administrer celui que vous donnent vos animaux.

C'est là un grand mal qu'il faut vous hâter de faire disparaître. Votre intérêt l'exige.

Pour vous aider à mieux faire, sous ce rapport, j'ai composé le petit Traité sur les Fumiers que je publie pour la troisième fois.

Déjà beaucoup d'entre vous ont suivi mes conseils et s'en félicitent.

Prenez surtout exemple sur vos confrères des cantons de Valmont, Cany, Fauville et Ourville. Là, tous obéissant à la parole du président des comices, M. de Martainville, qui a répandu à profusion un extrait de mon Traité, et a fondé des prix pour ceux qui mettraient en pratique les méthodes que j'indique (1), tous, dis-

---

(1) Extrait d'une lettre de M. Graindorge Desdemaines, secrétaire de la Société d'Agriculture pratique des cantons de Valmont, Cany, Fauville et Ourville, à M. J. Girardin, président de la Société centrale d'Agriculture de la Seine-Inférieure.

« Monsieur.

» J'ai l'honneur de vous informer que le Conseil-Général de notre Société, réuni le 17 octobre

je, ont abandonné leurs vieilles habitudes et soignent maintenant leurs fumiers avec autant de soin que d'intelligence. Dans peu de temps ils en seront largement récompensés, car la terre est une bonne mère qui paie au centuple les sacrifices que l'on fait pour elle.

J'ai cherché à vous exposer clairement

1843, par les soins de M. le marquis de Martainville, son honorable président, a, sur sa proposition qui a été accueillie avec le sentiment de la plus vive reconnaissance, décidé que le prix qu'il a bien voulu fonder pendant dix années consécutives, afin d'encourager la réforme si essentielle à opérer dans l'administration des fumiers, consisterait annuellement en deux médailles en or de 80 et 60 fr., décernées aux deux cultivateurs de la circonscription de nos comices (membres ou non de la Société) qui ayant adopté la méthode de M. de Dombasle, se seront le plus distingué par la mise en pratique des instructions contenues dans votre excellent Traité sur les Fumiers.

» Deux gratifications, l'une de 30 fr., l'autre de 20 fr., seront, en outre, accordées aux garçons de cour qui auront le mieux secondé les efforts de leur maître. »

les vrais principes qui doivent guider dans la production, la préparation et la conservation des fumiers.

Ce n'est pas de la théorie que je vous enseigne ; c'est la belle et bonne pratique de pays les plus avancés en culture que je mets sous vos yeux. Ne craignez donc pas de l'imiter.

Vous avez un sol admirable, un excellent climat, de nombreux et faciles débouchés pour vos produits ; avec de tels éléments de succès, il ne vous faut que peu d'efforts pour mettre votre agriculture, déjà si avancée en plusieurs points, au niveau de l'agriculture perfectionnée de certaines parties de l'Angleterre, de la Flandre et de l'Allemagne.

J'ai voulu vous seconder dans ces efforts. Puisse ma parole amie vous convaincre et hâter le moment où il n'y aura plus que des éloges à vous adresser.

J. GIRARDIN.

Rouen, 15 août 1844.

DES FUMIERS.

On désigne sous le nom générique de FUMIER les pailles qui ont servi de litière aux animaux domestiques, qui ont été imprégnées de leurs urines, mélangées à leurs excréments, et qui, après ce mélange, ont subi, par la fermentation, un degré plus ou moins avancé de décomposition.

Cette sorte d'engrais, le plus généralement employé et le plus facile à se procurer partout où l'on nourrit les bestiaux à l'écurie ou à l'étable, a donc une composition chimique fort compliquée, puisqu'on y trouve des matières végétales et animales très-diverses, ainsi qu'une grande variété de substances salines solubles et insolubles.

La nature et les propriétés des fumiers varient notablement suivant l'espèce d'animaux qui ont concouru à leur formation; suivant le genre de nourriture donnée à ces animaux; suivant la nature et la proportion des matières qui leur ont servi de litière, et surtout auss suivant la manière de traiter ces fumiers.

Examinons successivement l'effet et l'influence de chacune de ces circonstances

§ 1er. De la nature des excréments des animaux.

Les excréments des animaux, l'une des parties essentielles des fumiers, sont des engrais chauds fort actifs, parce que, sous un petit volume, ils sont très-riches en substances azotées et salines, et qu'ils se décomposent très-rapidement. Mais ils possèdent des propriétés fertilisantes à des degrés différents. Ceux des carnivores tiennent le premier rang, mais on n'en fait aucun usage dans les fermes; viennent ensuite ceux des granivores ou des oiseaux; puis enfin ceux des herbivores. La différence d'énergie qu'ils possèdent dépend de leur plus ou moins grande richesse en substances animales azotées.

A. Les excréments des oiseaux, et particulièrement des pigeons, ont une puissance supérieure, comme engrais, à celle des déjections des herbivores nourris dans les fermes, soit parce que les oiseaux se nourrissent principalement de graines et d'insectes, soit parce que leurs urines sont confondues en une seule masse avec les excréments solides, soit enfin parce que leurs déjections s'accumulent petit à petit dans des lieux à l'abri du soleil, de l'air et de la pluie. Malheureusement, ces excréments ne peuvent être obtenus en grandes quantités.

La fiente de pigeon, dite colombine, est recueillie avec soin dans la Flandre et dans nos départements du nord. Dans les grandes fermes du Pas-de-Calais, les pigeonniers sont nombreux et très-peuplés; on les loue pour un an ou par bail de plusieurs années, à raison de

100 fr. pour la fiente de six cent à six cent cinquante pigeons, à récolter annuellement. Les colombiers de cette importance donnent une voiture de COLOMBINE. La fumure d'un hectare revient, avec cet engrais, de 125 à 200 fr.

On ne devrait jamais négliger de répandre, sous forme de litière, dans les pigeonniers et les poulaillers, des débris de tillage de chanvre et de lin, de la mauvaise balle d'avoine, des sciures de bois, de la terre ou même du sable, pour augmenter, autant que possible, la masse de l'engrais dont je parle. C'est une pratique vicieuse de laisser la fiente des pigeons et des volailles s'amonceler, d'un bout à l'autre de l'année, dans les pigeonniers et les poulaillers, car la malpropreté fait naître une vermine qui tourmente les animaux, et parce qu'il se produit dans le tas d'excréments une grande quantité de vers qui en détruisent la majeure partie. Il faut que les pigeonniers et les poulaillers soient fréquemment nettoyés à fond, et le fumier qu'on en tire doit être amoncelé et conservé dans un lieu sec. Il vaudrait encore mieux, si cela était possible, l'employer avant sa fermentation. En effet, cent parties de colombine, exempte de paille et de plumes, renferment, à l'état frais, 25 pour 100 de matières solubles dans l'eau, tandis que la même quantité de cette fiente putréfiée n'en fournit plus que huit parties, d'après sir H. Davy ; d'où ce chimiste conclut, avec raison, qu'il faut l'employer avant qu'elle ne fermente.

Les excréments de poule, nommés POULAITTE, sont supérieurs à ceux des oies et des canards, mais ils ont un peu moins d'énergie que la colombine. Voici, en général, la composition chimique de la fiente des oiseaux :

Débris végétaux.
— de plumes.
Albumine coagulée.
Carbonate de chaux.
Phosphate de chaux.
Silice.
Acide urique, en partie combiné à la chaux et à l'ammoniaque.

Le fumier de volaille est rarement mélangé aux autres fumiers. Répandu avec la semence des céréales, il produit sur les terrains humides, froids et tenaces, les plus grands effets qu'il soit possible d'attendre d'un engrais quelconque. Pour le trèfle, il surpasse le plâtre et la cendre. Dans les fermes de l'Institut de Hohenheim, Schwerz l'applique, depuis longues années déjà, avec le plus grand succès, au trèfle, en le mêlant avec de la cendre de charbon de terre. — En Flandre, on s'en sert pour produire les plus belles récoltes de lin, à la dose de 2,000 kilog. par hectare. On écrase les grumeaux dans la machine à broyer les fruits, ou on les brise au fléau. On répand la poudre par un temps calme, un peu humide, mais non pluvieux. Quelquefois on la recouvre par un trait de herse, mais le plus souvent on la laisse, sans préparation aucune, à la surface du sol. On croit qu'elle n'agit d'une manière utile que lorsqu'il vient à pleuvoir peu de temps après qu'on l'a semée; par un temps de sécheresse continue, elle reste inerte, ou même elle brûle les récoltes. — Dans le Calvados, on réserve le fumier de volaille pour quelques petites cultures particulières, telles que celles du chanvre, du lin, ou pour le jardin potager.

Au Pérou, on se sert depuis des siècles, pour fertiliser les sables des côtes arides de ce pays, d'excréments d'oiseaux qu'on trouve en abondance dans plusieurs îlots de la mer du Sud, où ils forment des couches de 17 à 20 mètres d'épaisseur que l'on travaille comme des mines de fer. Ces excréments forment ce qu'on appelle le GUANO ou l'HUANO Comme il est impossible de supposer que les ARDEA et les PHÉNICOPTÈRES, qui habitent les îlots de la mer du Sud, aient pu produire des masses aussi puissantes d'excréments que celles qui existent dans ces îlots, il y a tout lieu de penser que le guano n'appartient pas à l'époque actuelle, et que c'est un COPROLITE ou excrément fossile d'oiseaux anté-diluviens. Tout récemment on a découvert, sur la côte sud d'Afrique, d'immenses dépôts de guano, qu'on importe actuellement à Liverpool.

Jusque dans ces dernières années, on n'avait point songé à utiliser, en Europe, le guano comme engrais. Des navires anglais, venant des côtes du Pérou, en ayant apporté de grandes quantités comme lest, on a fait beaucoup d'expériences en Angleterre; et les résultats obtenus ont dépassé bien au-delà les espérances des cultivateurs qui, tous, à l'envi, rendent témoignage de la supériorité de cet engrais. Ils disent qu'en mêlant un cinquième de charbon franc en poudre avec quatre cinquièmes de guano, la récolte de la seconde année est presque aussi belle que celle de la première. 200 kilog. de guano et 25 à 50 kilog. de charbon suffiraient pour fumer un hectare de terre à blé ; mais cette proportion est évidemment trop faible, d'après mes expériences. On le mêle aussi au noir animal, principalement pour la culture des raves et turneps. On l'a vendu, en Angleterre, jusqu'à 60 fr. les 100 kilog.

La Société d'Agriculture de Rouen m'ayant chargé d'examiner, conjointement avec M. Bidard, le guano que plusieurs de nos cultivateurs ont essayé, nous en avons fait l'analyse, et voici ce que nous y avons trouvé :

Urate d'ammoniaque.	Phosphate de magnésie.
Oxalate d'ammoniaque	Sulfate de potasse } très-peu.
— de potasse.	
— de chaux.	Chlorure de potassium } très-peu.
Phosphate d'ammoniaq.	
— de potasse.	Matière grasse } très-peu.
— de chaux.	

Cette composition est presque identique avec celle des excréments des oiseaux aquatiques et de basse-cour, sauf que ceux-ci contiennent une proportion moins forte de sels ammoniacaux. D'après MM. Boussingault et Payen, la colombine renferme 8,30 pour 100 d'azote, tandis que, d'après nos expériences, le guano en contient 16,86 pour 100, c'est-à-dire un peu plus du double. Aussi, tandis que l'équivalent de la première est de 4,8, celui du guano est de 2,37 (1); et tandis que, pour remplacer 30,000 kilog. de fumier normal pour la fumure d'un hectare, il faut 1440 kilog. de colombine, il ne faut que 711 kilog. de guano. Les expériences pratiques s'accordent assez bien avec

(1) *L'équivalent* d'un engrais est le nombre de kilogrammes nécessaire pour remplacer, comme fumure, 100 kilogrammes de bon fumier de ferme. Ce dernier est donc pris comme terme de comparaison, et son équivalent est représenté par 100. — Les équivalents des engrais ont été établis d'après leur richesse relative en azote, par suite de ce principe formulé par MM. Boussingault et Payen : Que les engrais ont d'autant plus de valeur que la proportion de substance organique azotée y est plus forte et domine.

Le bon fumier de ferme contient 0,40 d'azote sur 100 ; et il faut 30,000 kilogrammes de ce fumier pour fumer un hectare de terre.

ces données théoriques Cette substance est donc un des engrais les plus énergiques. C'est ainsi, en effet, qu'elle s'est comportée dans tous les essais qui ont été faits, chez nous, depuis deux ans, par les membres de la Société d'Agriculture. C'est surtout sur les prairies qu'elle produit les effets les plus prompts et les plus remarquables. Mais ces effets sont de peu de durée, comme pour tous les autres engrais facilement décomposables, et il faut renouveler son emploi à chaque récolte.

Malheureusement, l'incertitude et la difficulté des approvisionnements restreindront toujours, chez nous, l'emploi du guano, comme engrais. Des renseignements exacts, pris à Liverpool par M. Bidard, font savoir que l'on paie, dans cette ville, 181 fr. 30 cent. le tonneau anglais de guano d'Afrique, et 259 fr. le tonneau anglais de guano des mers du sud ; ce qui remet l'hectolitre de guano africain à 22 fr. 32 cent., et l'hectolitre de guano américain à 25 fr. 50 cent. Le premier, rendu au port de Rouen, reviendrait à 32 fr. 65 cent. l'hectolitre, qui pèse 157 kilog. En prenant 600 kilog. comme moyenne de la quantité à répandre par hectare, la fumure de celui-ci coûterait donc 124 fr. 75 cent.

B. Les excréments des herbivores, auxquels je réunis ceux du porc, pour plus de simplicité, sont bien moins actifs que les précédents, par la raison qu'ils contiennent moins de parties azotées et solubles, et une plus forte proportion de fibres végétales qui résistent davantage à la décomposition. Plus les aliments sont élaborés dans l'appareil digestif, plus ils sont imprégnés de sucs animalisés, plus aussi les résidus de la digestion sont pourvus de propriétés énergiques.

Généralement, on range les excréments des herbivores dans l'ordre suivant, en ayant égard à leur énergie toujours croissante :

Fiente de porc.
Bouze de vache et de bœuf.
Crottin de cheval.
Fiente de mouton.

Cependant, en Angleterre, on regarde le fumier de porc comme aussi énergique, sinon davantage, que le fumier des bêtes à cornes.

Cette divergence pourrait bien provenir de ce que, partout ailleurs qu'en Angleterre, les porcs ne sont pas nourris avec tout le soin convenable. Schwerz a reconnu par expérience que le fumier des porcs à l'engrais produit, pendant deux années, un effet plus grand, dans les mêmes terres et sur les mêmes plantes, que le fumier de vaches. — Ce qu'on peut seulement reprocher avec raison au fumier de porc, c'est, d'une part, que l'animal rendant non digérés la plupart des grains qui entrent dans sa nourriture, on rapporte sur les champs, avec ses déjections, une grande quantité de semences de mauvaises herbes; d'autre part, que ce fumier manifeste une propriété stimulante corrosive et nuisible aux plantes, provenant de la trop grande quantité de PURIN qu'il retient, PURIN doué d'une très-grande énergie. Ce qu'il y a de certain, c'est que Bœnninghausen a constaté que le fumier de porc, donné en couverture, ne le cède que peu à aucun autre sur toutes les plantes, à l'exception des plantes à cosses, probablement parce que, ainsi exposé à l'air, il perd promptement son âcreté.

Il ressort de ces observations que si le fumier frais de porc ne doit pas être appliqué inconsidérément aux terres arables, à cause de la grande quantité de graines et de l'âcreté des urines qu'il contient, ces circonstances ne s'opposent nullement à ce qu'il soit appliqué avec utilité aux prairies ; que, loin de nuire à cette application, la fluidité de cet engrais lui est particulièrement appropriée. Néanmoins, il n'existe qu'un bien petit nombre d'exploitations dans lesquelles il soit fait usage du fumier de porc sans mélange, et le mieux, dans les circonstances ordinaires, est encore de l'employer en combinaison avec un autre, surtout avec le fumier de cheval.

Voici, d'après mes analyses, ce que contiennent les excréments de vache, de cheval et de mouton :

	Vache.	Cheval.	Mouton.
Eau.	79,724	78,36	68,710
Matières organiques solubles dans l'eau.	5,340	4,34	4,100
— l'alcool.	2,000	2,60	2,800
Fibre ligneuse.	8,700	12,16	16,260
A reporter.	95,770	97,46	91,870

Report.	95,770	97,46	91,870
Matières salines, telles que phosphates de chaux et de magnésie, carbonate de chaux, silice, sel marin, silicate de potasse.	4,230	2,54	8,130
	100,000	100,00	100,000

Ou, en termes plus simples :

Eau.	79,724	78,36	68,710
Matières organiques, agissant comme engrais.	16,046	19,10	23,160
Matières salines, agissant comme stimulant.	4,230	2,54	8,130
	100,000	100,00	100,000

Le fumier des bêtes à cornes, toutes choses égales d'ailleurs, est toujours moins actif, moins prompt à fermenter, plus aqueux, plus spongieux et plus apte à retenir l'humidité ambiante, à entretenir, par suite, plus de FRAICHEUR à la terre, que le fumier de cheval et des bêtes à laine. Aussi, le premier est-il rangé parmi les ENGRAIS FROIDS, le second parmi les

ENGRAIS CHAUDS. Le premier agit donc plus lentement, mais aussi d'une manière plus continue et plus égale, et il donne des récoltes moins belles, il est vrai, mais plus prolongées que le second; car c'est un fait hors de toute contestation que le POUVOIR FERTILISANT qui se manifeste avec le plus de promptitude et d'énergie, est aussi celui qui est le plus promptement épuisé.

Un des avantages du fumier des bêtes à cornes, c'est de pouvoir, en raison de son plus grand état de molesse, supporter une addition plus considérable de litière que le fumier de cheval et des bêtes à laine; et comme, d'un autre côté, il est presque toujours produit en plus grande quantité que ce dernier, c'est par conséquent celui dont on tire le meilleur parti dans les fermes, d'autant plus qu'on peut, pour ainsi dire, l'appliquer à tous les terrains et à toutes les cultures.

S'il est vrai que le fumier de cheval enfoui en terre à l'état frais, c'est-à-dire avant toute fermentation, soit très-énergique et plus chaud que celui des bêtes à cornes, il n'est pas moins certain qu'après sa fermentation au contact de l'air et en tas, il ne donne un engrais inférieur à celui des étables. Cela provient de ce que les excréments du cheval, généralement plus secs, s'échauffent rapidement et considérablement lorsqu'ils sont mis en tas, se dessèchent et perdent une proportion considérable des principes les plus utiles, notamment des sels ammoniacaux. D'après M. Boussingault, le fumier frais de cheval contient, à l'état sec, 2,7 pour 100 d'azote. Le même fumier, disposé en couche épaisse et abandonné à une décomposition complète, laisse un résidu qui, desséché, ne renferme plus que 1 pour 100 d'azote, et, par cette fermentation, le fumier a perdu à-peu-près les neuf dixièmes de son poids. On peut juger, d'après ces nombres, combien a été grande la perte en principes azotés. Le traitement du fumier de cheval exige donc beaucoup plus de soins et d'attention que celui des bêtes à cornes ; et comme habituellement le premier n'est pas mieux traité que le second, on conçoit facilement que, malgré sa supériorité relative à l'état frais, il devienne, après plusieurs mois de conservation, bien inférieur au fumier d'étable; aussi, les cultivateurs le considèrent-ils, en effet, comme étant moins actif.

M. Puvis a constaté que, pour obtenir de bons résultats dans la confection du fumier de cheval, il faut lui donner plus d'humidité qu'il n'en peut recevoir par les urines de l'animal; que, si on ne l'arrose pas, il se dessèche, perd de son poids et de sa qualité, tandis qu'en l'entretenant convenablement humide, il produit une quantité de fumier à demi-consommé, de qualité supérieure et au moins égale en poids à celui qui provient des vaches.

On peut aussi retarder la déperdition des principes utiles de ce fumier et lui conserver une grande partie de ses qualités, en le tassant fortement et en prévenant l'accès de l'air.

Obtenu par la méthode ordinaire, il ne convient qu'aux sols argileux, profonds, humides, ou aux terrains qu'on appelle FROIDS. Il est nuisible dans les sols sablonneux et calcaires où le fumier des bêtes à cornes est, au contraire, très-avantageux. Mais, lorsqu'il a été préparé avec les soins que je viens d'indiquer, il convient à tous les sols, et il ne diffère du fumier de vaches que par sa qualité supérieure.

Le fumier des bêtes à laine, des moutons, est le plus substantiel de tous les fumiers. Comme il reste ordinairement, jusqu'au moment de son emploi, dans les étables, où il est fortement tassé par les pieds des animaux et où il reçoit peu d'humidité, il ne présente que peu de symptômes de fermentation. Il ne se mêle que très-difficilement et très-imparfaitement à la litière, en raison de sa forme et de sa dureté. Comme il est presque toujours mêlé à une trop grande masse de litière, il convient, avant de l'appliquer, d'en former des tas qu'on doit fréquemment arroser, car ce n'est que dans une masse moins serrée et plus humide que la paille peut trouver les conditions nécessaires à sa décomposition.

Le fumier des bêtes à laine est surtout propre aux terrains argileux, lourds et froids; il est préférable à tous les autres pour les plantes oléagineuses, telles que la navette et le colza. Moins chaud que le fumier de cheval, son action dans le sol est plus durable, mais elle n'excède pas deux ans, et ne se manifeste même très-sensiblement que pendant la première année.

En Flandre, où l'on fait un très-grand cas du fumier de mouton, les fermiers en état de débourser les sommes nécessaires entretiennent un troupeau de cent moutons ou davantage. Ceux qui n'ont pas assez de fonds, et dont, cependant, les terrains maigres demandent cette sorte d'engrais, cherchent à s'arranger avec un marchand de moutons qui n'ait ni terres ni étables. Le fermier fournit à ce marchand un local et la paille pour loger ses moutons, et il n'exige, en retour, que le fumier de ses animaux. Le marchand paie 270 fr. par an pour logement et nourriture de son berger avec deux chiens. Pendant l'hiver, le fermier fournit, aux prix du marché, les féverolles et le grain pour les moutons qu'il faut engraisser; et, pour les autres, l'avoine, le foin et les racines. 100 moutons bien nourris donnent cinquante à soixante voitures de fumier dans l'année, objet qui vaut, pour le laboureur, autant que quatre-vingts à quatre-vingt-dix voitures de tout autre fumier. Les récoltes qu'on trouve sur les champs des cultivateurs qui ont pu se procurer cette sorte d'engrais, sont toujours d'une beauté et d'une abondance remarquables, en comparaison de celles des autres cultivateurs (1).

Le fumier des bêtes à laine est plus souvent appliqué directement à la terre au moyen du parcage. Schwerz estime qu'un mouton, pendant une nuit, peut fumer une surface d'un mètre carré. M. Boussingault a trouvé à Bechelbronn, en Alsace, un mètre un tiers.

Il serait certainement très-utile de faire une étude approfondie des propriétés spéciales de chaque espèce de fumier, de connaître la rapidité, la mesure et la durée d'action de chacune d'elles, de déterminer avec exactitude à quelles sortes de culture, à quelles natures de sols, chacune d'elles doit être préférablement appliquée. Ce qui a retardé jusqu'ici l'acquisition de ces connaissances, c'est l'usage où l'on est, dans la plupart des fermes, dans celles surtout où les bêtes à cornes prédominent, de jeter pêle-mêle tous les fumiers dans une même

---

(1) Van-Aelbroeck, *Agriculture de la Flandre*.

fosse ou sur un même tas, parce qu'on a reconnu que ce mélange de fumiers de toute nature est un moyen sûr d'obtenir le meilleur engrais possible, chaque espèce recevant alors des autres les qualités qui lui manquent, pour former à elle seule un composé propre à toute nature de terrain (1). Cette pratique est bonne dans les pays de plaines, où les terres arables sont toutes assises à-peu-près sur un même sol,

---

(1) « Plusieurs conseillent de ne mesler les fumiers; ains les ranger à part par espèces séparées, et après les emploier selon leurs propriétés. Cela se fait aisément de ceux du colombier, du poulailler, de la bergerie; mais des autres, la chose ne se peut accommoder, pour la difficulté de telle distinction: parce qu'estant tout l'autre bétail presque logé ensemble en estables contiguës, leurs fumiers se meslent ès lieux où des estables sont portés reposer. Aussi telle pénible curiosité n'est nullement nécessaire, voire plustôt nuisible, d'autant que bons ne peuvent faillir d'être les fumiers de diverses sortes de bestes, unis et saisonnés en un corps, les uns faisans valoir les autres; ce qu'on ne peut dire de séparés, dont s'en treuve de peu de valeur. »

Olivier de Serres.

et ne présentent que des variations peu sensibles; mais dans les vallées, où le sol diffère, pour ainsi dire, à chaque pas; mais, dans les grandes exploitations, où l'on se livre nécessairement à certaines cultures industrielles, on devrait peut-être ne pas opérer ce mélange des fumiers, et appliquer à chaque nature de terre le fumier qui lui convient le mieux : celui des bêtes à cornes aux sols secs, sableux et chauds; celui des chevaux et des moutons aux sols froids et humides.

MM. Boussingault et Payen ont dosé l'azote des excréments des divers animaux domestiques. Voici l'ordre dans lequel on peut les ranger sous ce rapport :

	Azote pour 100.	Équivalent.	Fumure d'un hectare.
Excréments de chèvre.	2,16	18,5	5,550 k.
— de mouton.	1,11	36,0	10,800
— mixtes de cheval.	0,74	54,0	16,200
— — de porc.	0,63	63,4	19,020
— solides de cheval.	0,55	72,7	21,810
— mixtes de vaches.	0,41	97,5	29,250
— solides de vaches.	0,32	125,0	37,500

On voit par là que la valeur des divers excréments est loin d'être la même. Les données scientifiques s'accordent parfaitement bien avec les résultats pratiques.

C. Les urines des animaux herbivores, absorbées en partie par les litières sur lesquelles ils reposent, doivent être considérées comme une des parties les plus actives des fumiers; et ce n'est pas sans peine qu'on voit le peu de soins qu'on met, chez nous, à recueillir cet engrais si précieux. L'activité prodigieuse que l'urine communique à la végétation, lorsqu'elle est employée convenablement, est due tout-à-la-fois aux substances salines, dont elle est très-chargée, et aussi à un principe azoté qu'elle renferme en proportions notables, l'urée, qui caractérise essentiellement ce liquide.

Du reste, la composition chimique de l'urine varie singulièrement pour chaque espèce d'animal, et aussi, dans chaque espèce, suivant l'état de santé, la nature des aliments, le séjour plus ou moins long dans la vessie, etc. Voici la constitution des urines de l'homme, du cheval et de la vache; celles du mouton et du porc n'ont pas encore été analysées :

Urine d'homme.

Eau.	93,300
Urée.	3,010
Matières organiques et acides organiques.	1,846
Sels de potasse, de soude et d'ammoniaque.	1,741
Sels insolubles.	0,103
	100,000

Urine de cheval.

Eau (avec un peu de mucus et de graisse àcre).	94,0
Urée.	0,7
Sels de potasse et de soude.	4,2
Sels insolubles.	1,1
	100,0

Urine de vache.

Eau.	65
Urée.	5
Sels de potasse et d'ammoniaque.	25
Sels insolubles.	5
	100

En termes plus simples, voici, dans ces trois sortes d'urines, les proportions relatives d'eau, de matières organiques et de sels :

	Urine d'homme.	Urine de cheval.	Urine de vache.
Eau.	93,300	94,0	65,0
Matières organiques.	4,856	0,7	5,0
Matières salines.	1,044	5,3	30,0
	100,000	100,0	100,0

D'après MM. Boussingault et Payen,

	Azote pour 100	Equivalents	Fumure d'un hectare.
L'urine de vache contient	0,44	90,90	27,270
— humaine	0,715	55,80	16,758
— de cheval	2,61	15,30	4,590

Les urines présentent une grande valeur comme engrais azoté. C'est évidemment aux sels ammoniacaux, à l'urée, à l'acide urique ou à l'acide hippurique, si riches en azote, qu'il faut attribuer leur efficacité.

Les animaux qui sont nourris avec des fourrages secs donnent moins d'urines que ceux qui broutent des herbes fraiches; mais les urines des premiers sont plus riches en sels que celles des derniers. L'urine rendue immédiatement après les repas est moins animalisée que celle du matin.

Toute la quantité d'urine produite dans les écuries et les étables est loin d'être absorbée par la litière, et il y en a toujours une bonne partie qui s'écoule au dehors, sans qu'on songe, chez nous du moins, à la recueillir convenablement. En Suisse, on réunit les urines dans des citernes placées au-dessous des écuries pavées et en pente, et après un séjour plus ou moins long dans ces réservoirs, on les répand sur les champs en forme d'arrosement. En Belgique, on les fait absorber par de la paille, et on les mêle au fumier ordinaire. En d'autres endroits, on les fait absorber par des substances propres à servir d'amendements, telles que la marne, les argiles, le sable, le plâtre. Ce qu'on appelle URATE, dans le commerce, n'est autre chose qu'un mélange, à proportions égales, de plâtre tamisé, nouvellement cuit, et d'urines, mélange qu'on laisse se durcir et se ressuyer, puis qu'on réduit en poudre et qu'on conserve dans un lieu sec.

Il n'est pas probable que, par l'emploi de l'une ou de l'autre de ces méthodes, l'on augmente ou l'on diminue réellement la quantité des principes fertilisants qui existent dans l'urine; mais elles sont plus ou moins commodes et économiques. La dernière est la moins bonne, car l'effet utile produit par l'URATE ne peut indemniser des moindres frais de transport; cela vient de ce que l'URATE ne renferme guère qu'un centième et demi à deux centièmes de matière organique solide; aussi cette préparation est-elle à-peu-près abandonnée. — La MÉTHODE SUISSE, qui consiste à recueillir à part les urines et à les répandre directement sur les terres, est surtout avantageuse pour les prairies naturelles et artificielles, et elle parait mieux convenir à la petite culture, parce que l'on s'y livre communément en moins grande proportion à la culture des céréales, de sorte qu'on obtient moins de paille. — La MÉTHODE BELGE, qui consiste à faire absorber les urines par la paille et les litières, est sans contredit la plus économique.

Dans le Palatinat, où les urines sont très-employées comme engrais, elles forment de 7 à 11 pour 100 du fumier fait dans les fermes.

Dans tous les pays où l'on emploie l'urine

comme engrais, on la laisse fermenter pendant quelques mois avant d'en faire usage, et l'on regarde cette précaution comme fort importante. Sir H. Davy a émis une opinion entièrement opposée, et nous sommes de son avis ; car la plus grande partie de la matière animale soluble disparait par la putréfaction des urines, et leur action fertilisante doit être fortement affaiblie, si elle n'est même pas complètement annihilée. En effet, l'URÉE, le principe essentiel de l'urine, se convertit, par la putréfaction, en carbonate d'ammoniaque, sel très-volatil ; aussi, lorsqu'on porte l'urine putréfiée ou POURRIE sur les terres, ce carbonate d'ammoniaque se vaporise dans l'air, et on perd par-là presque la moitié du poids de l'urine. Il faut songer que chaque kilogramme d'ammoniaque qui s'évapore sans être utilisé équivaut à une perte de 60 kilog. de blé, et qu'avec chaque kilogramme d'urine on peut gagner un kilogramme de froment.

On peut fixer ce carbonate d'ammoniaque des urines pourries, en saupoudrant le terrain de plâtre, avant de l'arroser avec les urines. On transforme ainsi tout le carbonate d'ammoniaque en sulfate d'ammoniaque qui reste dans le sol, car ce nouveau sel n'est pas volatil. — Un moyen encore plus simple, c'est de faire disparaître l'alcalinité des urines et des eaux de fumier, en y ajoutant du plâtre, du muriate de chaux, de l'acide sulfurique ou hydrochlorique, ou, mieux encore, du phosphate acide de chaux, toutes substances à fort bon marché et qu'on peut se procurer facilement, surtout dans nos villes industrielles.

Le mieux encore c'est d'employer les urines de préférence pendant qu'elles sont fraîches. Seulement, il convient de les étendre d'eau, pour qu'elles n'agissent pas avec trop de force et ne brûlent pas les plantes. Cela devient inutile si on les mélange avec des matières solides, ou si on les fait entrer dans la formation des composts.

Il est vraiment déplorable de voir les pertes d'urines qu'on fait dans toutes nos fermes, où généralement on ne met à profit que celles qui imprègnent les excréments solides. On perd par-là une immense quantité de principes fertilisants et stimulants, et entre autres toute la potasse que les plantes digérées par les animaux renfermaient sous forme de sels organiques. — Les cultivateurs placés à la porte des villes devraient acheter les urines des pissoirs publics, qu'on leur abandonnerait pour fort peu de chose; et, pour absorber le carbonate d'ammoniaque qu'elles contiennent toujours, ils feraient bien d'y ajouter l'une des substances dont j'ai parlé plus haut. Ces urines leur serviraient à arroser leurs fumiers ou à activer la fermentation des débris végétaux destinés à faire des engrais ou des composts, ou à arroser les prairies naturelles ou artificielles. Ils multiplieraient ainsi leurs récoltes sans beaucoup de frais, et suppléeraient à la disette des fumiers qui se fait sentir partout.

D. Les excréments de l'homme, qu'on connait sous le nom de gadoue, quand ils sont mous ou liquides, et sous celui de poudrette quand ils sont desséchés et pulvérulents, constituent un engrais très actif. Ils sont composés ainsi qu'il suit, d'après Berzelius :

Eau.	73,3
Débris végétaux et animaux.	7,0
Bile, albumine, matière extractive particulière.	4,5
Sels solubles et insolubles, notamment des phosphates.	1,2
Matières insolubles qui s'ajoutent dans les intestins, tels que mucus, résine de la bile, graisse, matières animales indéterminées.	14,0
	100,0

Dans tous les pays où l'agriculture est très-avancée, en Chine, dans la Flandre, les matières fécales constituent l'engrais par excellence. On les emploie telles qu'elles sortent des fosses, aux environs de Grenoble, pour la culture du chanvre ; à Lyon, et dans quelques parties de la Toscane, on les délaie dans l'eau et l'on en arrose les champs, et surtout la luzerne ; dans la Flandre, on les applique aussi à l'état liquide, après une fermentation plus ou moins longue, notamment au lin, au colza, à l'œillette et au tabac ; à la Chine, on les pétrit quelquefois avec de l'argile, et l'on réduit ensuite ces masses en poussière : ailleurs encore, on les stratifie avec de la terre pour les dessécher et les rendre susceptibles d'être réparties plus également sur les champs ; à Paris on les convertit en POUDRETTE.

On prépare la POUDRETTE en transportant dans de vastes bassins creusés en terre, les matières fécales extraites des fosses par les entrepreneurs de vidange : les bassins, peu profonds, mais très-larges, sont disposés en étages, de manière à ce qu'ils puissent déverser leurs produits les uns dans les autres. Les matières étant déposées dans le bassin supérieur, on fait écouler la partie liquide dans celui qui est immédiatement au-dessous, aussitôt que les matières solides se sont déposées ; on opère de même pour le second bassin, dont les liquides s'épanchent plus tard dans le troisième, et ainsi de suite. Les dernières eaux vont se perdre dans des égoûts, dans un cours d'eau, ou dans des puits artésiens absorbants. En opérant ainsi, il ne reste plus dans les bassins que des matières pâteuses, que l'on enlève avec des dragues, pour les placer sur un terrain battu, disposé en dos d'âne, où, à mesure qu'elles se sèchent, on les retourne à la pelle pour favoriser la dessiccation. Celle-ci ne dure pas moins de quatre à six ans, selon les saisons. C'est alors une poudre brune qu'on emmagasine sous des hangars.

La fabrication de la poudrette, qui est fort simple, entraîne de grands inconvénients. Pendant la longue durée de la dessiccation, toute la masse est en proie à une fermentation qui développe les émanations les plus infectes jusqu'à plus d'une lieue de distance, et qui détruit, en pure perte, pour l'agriculture, la majeure partie des substances organiques qui auraient pu concourir à la nutrition des plantes. Ces substances organiques sont converties principalement en sels ammoniacaux que la vapeur d'eau entraîne avec elle.

Dans d'autres fabriques, on mélange la gadoue avec de la cendre de bois ou avec de la terre contenant beaucoup de chaux caustique; de cette manière, il est vrai, on la désinfecte complètement, mais on en chasse également toute l'ammoniaque; et si le résidu présente encore quelques propriétés actives, ce n'est que parce qu'il renferme des phosphates. Il serait beaucoup plus rationel d'ajouter à la gadoue de l'acide sulfurique ou du plâtre, avant de la dessécher, puisqu'on conserverait ainsi, dans le résidu, toute l'ammoniaque développé par la fermentation. La poudrette aurait ainsi une efficacité double et même triple.

La transformation de la gadoue en poudrette est une opération monstrueuse. Réduire, comme l'observe judicieusement Schwerz, à la capacité d'une tabatière un tombereau d'excréments est d'un résultat trop puéril, à raison de la quantité de substance perdue, pour pouvoir se justifier, ailleurs que dans des villes d'une étendue démesurée, et autrement que par l'impossibilité d'emmagasiner des masses trop considérables. Partout ailleurs, un pareil procédé est à considérer comme le NEC PLUS ULTRA du gaspillage.

Aussi, en Chine, en Toscane, en Hollande, en Belgique, dans le nord de la France, en Alsace, où l'on tire un si grand parti des matières fécales, on les emploie toujours à l'état frais. Le plus habituellement on les délaie dans l'urine ou dans l'eau, et on s'en sert pour arroser les champs, au printemps, lorsque la végétation commence à se développer. Les fermiers ont à proximité de leurs champs de grandes cuves ou citernes de la contenance de 2 à 3,000 hectolitres, dans lesquelles ils déposent les vidanges qu'ils vont chercher dans les villes, pendant la saison où les chevaux sont moins employés à la culture. Pour être d'un bon emploi, ces matières, qu'on appelle en Flandre ENGRAIS FLAMAND, COURTE-GRAISSE, doivent avoir fermenté pendant quelques mois; à cet effet, on ne vide jamais entièrement la citerne : on en ajoute d'autres à mesure qu'on en tire pour les besoins. La fermentation leur donne plutôt de la viscosité que de la liquidité.

On ajoute souvent aux urines et aux matières fécales renfermées dans les citernes, des tourteaux de grains réduits en poudre, surtout quand l'engrais flamand est trop allongé d'eau ou qu'on en manque. Ces résidus, contenant des substances végétales azotées, sont très-propres par eux-mêmes à servir d'engrais; ils s'imprègnent, d'ailleurs, fortement du liquide des fosses, et cèdent peu-à-peu les produits de sa décomposition aux plantes qui les environnent.

L'engrais flamand répand au loin une odeur

infecte qui persiste pendant plusieurs jours, mais elle n'est qu'incommode et aucunement insalubre. S'il contient beaucoup de matières solides, son action sur la végétation est de plus longue durée que s'il est formé en grande partie d'urine; en ce dernier état, il n'est pas moins estimé, car alors son action est plus instantanée; mais, en aucun cas, l'engrais en question ne stimule plus la végétation un an après qu'il a été répandu sur les terres.

Un hectolitre d'engrais fermenté équivaut à 250 kilog. environ de fumier de cheval.

Dans la Flandre française, aux environs de Lille, l'usage assez général a consacré la rotation de culture suivante :

1re *Année*. En octobre ou novembre, on couvre la terre de fumier long ordinaire, on l'enterre à la charrue, on répand 600 hectolitres d'engrais liquide par hectare, on laboure encore et on plante en colza.

2e *Année*. Le colza récolté, on laboure, on répand 120 à 150 hectolitre d'engrais flamand par hectare, et on sème du blé en automne.

3e *Année*. Labour sur éteules de blé; on répand 120 hectolitres d'engrais, et on sème de l'avoine en automne.

Si l'état des chemins, ou quelque autre circonstance, empêche de répandre l'engrais immédiatement avant les semailles, on peut le faire en mars ; et, alors, il en faut même un cinquième de moins pour obtenir les mêmes résultats ; mais on l'évite autant que possible, parce que les chevaux et le charriot qui doivent circuler sur le champ pour répartir uniformément l'engrais, détruisent une partie des récoltes.

On peut, sans danger pour les plantes, les arroser avec de l'engrais flamand en toute saison, excepté pendant la sécheresse. Pour les terrains humides et dans les années pluvieuses, la fumure peut être ménagée ; le blé est moins exposé à verser.

Pour les betteraves, on emploie utilement jusqu'à 1,500 kilog. d'engrais liquide par hectare. Mais, lorsque la betterave est destinée à la fabrication du sucre, on évite tout usage d'engrais flamand. L'expérience a démontré l'influence fâcheuse de cet engrais sur la qualité de la betterave et sa transformation en sucre.

Nul cultivateur, dans le nord, n'a remarqué

que l'engrais flamand communiquât un mauvais goût aux plantes qui s'en nourrissent; tous, au contraire, se louent de son emploi.

Quant à la poudrette, on la répand sur les terres, avant les labours, dans la proportion de 1,750 kilog. par hectare.

Voici la richesse en azote et les équivalents des poudrettes et de l'engrais flamand, d'après MM. Boussingault et Payen :

	Azote au 100.	Equivalents.	fumure par hectare.
Engrais flamand liquide	0,205	195,00	58,500
Poudrette de Montfaucon	1,56	25,60	7,680
Poudrette de Belloni	3,85	10,30	3,090

Ces résultats théoriques sont bien différents de ceux indiqués par la pratique. Cela provient de ce que, par la méthode d'estimation employée par MM. Boussingault et Payen, basée uniquement sur la quantité d'azote des substances organiques, il n'est tenu nul compte de la présence et de la proportion des substances salines qui, cependant, jouent un rôle important, et entrent, pour une part notable, dans le mode d'action des engrais.

§ II. Influence de la nourriture et de l'organisation des animaux.

Les différences remarquables que l'on a observées depuis long-temps dans les propriétés et le mode d'action des fumiers des divers animaux, dépendent en partie de l'organisation spéciale de chacun d'eux, car ces différences ne cessent pas d'exister alors même que tous sont soumis au même régime alimentaire et sont placés dans les mêmes conditions. Mais il faut reconnaître aussi que le mode de nourriture, la qualité plus ou moins sèche des aliments influent d'une manière notable, tant sur la nature que sur la quantité des fumiers produits.

Il est un fait hors de toute contestation, c'est que le bétail bien nourri fournit plus de déjections que le bétail mal nourri; que les animaux sains, et surtout les animaux gras, donnent des fumiers beaucoup meilleurs que les animaux maigres ou malades.

La quantité de fumier à produire ne dépend donc pas tant du nombre de têtes de bétail que de la quantité de fourrages qu'on fait manger; elle dépend encore du mode de nourriture, soit à l'étable, soit au pâturage, attendu qu'avec le dernier mode, une très-grande partie des excréments ne peut être recueillie.

Plus la nourriture qu'on donne aux animaux est substantielle et sèche, plus leurs excréments ont d'énergie et de pouvoir fertilisant. Les bêtes à cornes ont toujours une nourriture très-aqueuse; en effet, même après la saison des herbages, on leur donne des betteraves ou leur pulpe, venant des fabriques de sucre, des pommes de terre ou les marcs des féculeries, des carottes. Les bêtes à laine et les chevaux ont, au contraire, généralement une alimentation plus sèche, en grains et en fourrages. Il n'est donc pas étonnant que les fumiers des bêtes à cornes soient plus aqueux, moins actifs, plus FRAIS que les fumiers des chevaux et des moutons. Dans quelques pays, cependant, en Flandre, par exemple, les vaches et les chevaux ont la même nourriture pendant la plus grande partie de l'année, c'est-à-dire du trèfle et de l'orge en vert, en été; et, en hiver, de la paille hachée, de la drèche et autres céréales germées des brasseurs. Dans ce cas, le fumier de vache est MOINS FRAIS, et celui des chevaux est MOINS CHAUD que dans les pays où la nourriture des uns et des autres est très-différente.

Marshall, dans sa DESCRIPTION DE L'AGRICULTURE DU NORFOLK, donne au fumier du cheval nourri avec du foin et de l'avoine, la préférence sur tous les autres; il place au second rang le fumier du bétail à l'engrais; il regarde comme de beaucoup inférieur le fumier du bétail maigre, et particulièrement celui des vaches laitières; enfin, il tient pour le plus mauvais celui des bestiaux n'ayant que de la paille pour nourriture d'hiver.

L'appréciation exacte de la proportion de fumier produite par chaque espèce de fourrage présente beaucoup de difficultés et d'incertitude, en raison surtout du peu de notions positives qu'on a, quant-à-présent, sur les rapports des propriétés nutritives entre les diverses sortes de fourrages et de racines. Jusqu'ici, d'ailleurs, on a fait fort peu d'expériences directes pour éclairer cette question importante. Celles qui ont été tentées dans ce but paraissent démontrer que la masse de la nourriture sèche et de la litière réunies double de poids par la conversion de celles-ci en fumier. C'est là l'opinion de Thaër, qui est confirmée par les expériences de **M. Boussingault.**

Voici quelques-uns des résultats obtenus par Schwerz, relativement à la proportion de fumier fournie par le fourrage vert et sec recueilli sur un hectare. Si les chiffres indiqués n'ont pas une valeur absolue, ils ont toutefois encore assez d'importance, puisqu'ils mettent hors de doute l'influence que le genre de nourriture exerce sur la production du fumier.

Tableau du produit d'un hectare en fourrage vert et sec, et du fumier qui en provient, d'après Schwerz.

	Poids du fourrage et de la paille.		Produit en Fumier contenant 75 pour 100 d'eau.	
	verts.	secs.		
	Kilog	Kilog.	Kilog.	Voitures de 900 kilog.
Choux-raves.	35,000	7,700	13,415	14,90
Pommes de terre.	27,000	7,560	13,230	14,70
Luzerne.	20,200	5,504	9,007	10,10
Navets.	50,000	5,000	8,750	9,72
Trèfle.	23,000	4,998	8,270	9,18
Carottes.	35,000	4,550	7,962	8,84
Maïs.	»	4,500	7,875	8,75
Betteraves.	30,000	4,320	7,560	8,40
Seigle.	»	3,500	7,000	7,77
Épeautre.	10,000	3,990	6,982	7,75
Froment et épeautre.	»	3,300	6,600	7,33
Colza.	»	3,000	5,250	5,83
Avoine.	»	3,000	5,250	5,83
Herbes des Prés.	13,300	2,793	4,888	5,43
Fèves.	»	2,500	4,625	5,13
Pois et vesces.	»	2,500	4,625	5,13
Orge.	»	2,200	3,850	4,27

D'après les expériences de Block, la proportion du fumier à la nourriture absorbée, est, en pesant les déjections :

Le bœuf,	42.
Le cheval,	42.
Le mouton,	40.

On peut déduire des faits de pratique les mieux observés :

1° Qu'une bête bovine ordinaire de 400 kilog. produit de 50 à 60 quintaux métriques de fumier ;

2° Et que sont égaux, sous le rapport de la production du fumier : un cheval cinq dixièmes, dix à quinze moutons.

Si la nourriture exerce beaucoup d'influence sur la qualité du fumier, les conditions dans lesquelles se trouve le bétail en exercent une qui n'est pas moins grande. Les vaches laitières ou saillies donnent un fumier moins azoté que celui des bœufs de travail ; cela se conçoit aisément : les principes azotés de la nourriture sont distraits des secrétions pour concourir au développement du fœtus, à la production du lait Par la même raison, les déjections des élèves, toutes circonstances égales d'ailleurs, procurent un engrais moins riche que celui qui dérive d'animaux adultes (BOUSSINGAULT).

§ III. De la nature de la litière donnée aux animaux.

La nature de la litière qu'on donne aux animaux influe aussi de son côté sur la qualité des fumiers qu'on en obtient. Et cela doit être, car toutes les pailles n'ont pas la même constitution chimique, comme cela a été mis en évidence par les analyses intéressantes du chimiste allemand Sprengel, et par celles plus récentes de MM. Boussingault et Payen.

Les débris végétaux agissent d'autant mieux, comme litière, que leur tissu est plus spongieux, plus apte à retenir les parties liquides des déjections animales; et, comme engrais, ils opèrent avec d'autant plus d'efficacité qu'ils sont plus riches en principes azotés et en substances salines.

Mais, dans la pratique, ce ne sont pas ordinairement ces considérations qui déterminent le choix des litières. Presque partout on ne fait usage que de la paille des céréales. La conformation creuse et tubaire de ces plantes, qui leur permet de s'imbiber d'urine, les rend précieuses sous ce rapport; elles procurent, d'ailleurs, aux animaux un coucher doux, en même temps qu'elles les préservent du froid. Mais, très-pauvres en azote et en sels alcalins, elles sont bien inférieures aux fanes et aux tiges des légumineuses, des crucifères, qu'on néglige comme litière, et qui communiqueraient aux fumiers de biens meilleures qualités.

Dans l'intention de pouvoir estimer leur valeur relative comme litière ou engrais, Sprengel a analysé douze sortes de pailles; et voici comment il les classe d'après leur plus grande valeur :

1.	Paille de colza.	7.	Paille de pois.
2.	de vesce.	8.	d'orge.
3.	de sarrazin.	9.	de froment.
4.	de fèves.	10.	de seigle.
5.	de lentilles.	11.	de maïs.
6.	de millet.	12.	d'avoine.

Voici les proportions relatives des matières organiques et des substances salines qui existent dans ces diverses pailles, sur 100 parties en poids :

	Substances organiques.	Substances salines.
Paille de colza.	96,127	3,873
de vesce.	94,899	5,101
de sarrazin.	96,797	3,203
de fèves.	96,879	3,121
de lentilles.	96,101	3,899
de millet.	95,145	4,855
de pois.	95,029	4,971
d'orge.	94,756	5,244
de froment.	96,482	3,518
de seigle.	97,207	2,793
de maïs.	96,015	3,985
d'avoine.	94,266	5,734

Sous le rapport de la richesse en azote, voici comment on peut les ranger, d'après MM. Boussingault et Payen :

	Azote sur 100.	Equivalents.	Fumure pour un hectare.
Paille de pois.	1,79	22,34	6,702 k.
— de lentilles.	1,01	39,60	11,880
— de millet.	0,78	51,28	15,384
— de froment, ancienne.	0,49	81,00	24,480
— de sarrasin.	0,48	83,33	24,990
— d'avoine.	0,28	142,85	42,855
— de froment, récente.	0,24	166,66	49,998
— d'orge.	0,23	173,90	52,170
— de seigle.	0,17	235,29	70,587

Les pailles de colza, de vesce, de sarrazin, de fèves, de lentilles, de millet et de pois, renfermant beaucoup de sels à base de potasse, de soude et de chaux, et fournissant, en se corrompant, beaucoup d'acide ulmique, ainsi qu'une forte proportion d'ammoniaque, en raison de la grande quantité d'albumine ou de matière azotée qu'elles contiennent, sont, par ces diverses causes, plus fertilisantes que les pailles des céréales, qui sont moins riches en sels alcalins, et qui ne renferment que fort peu de matière azotée.

Les pailles des céréales sont surtout caractérisées, parce qu'elles contiennent plus de silice que toutes les autres. Cette substance forme plus des trois-cinquièmes de leurs cendres. Aussi, lorsqu'elles pourrissent et sont converties en fumier, elles ne sont utiles à la végétation qu'en donnant à la terre de l'humus, car elles ne lui fournissent presque pas de principe stimulant. Ainsi, les agriculteurs qui avancent que la paille des céréales est un mauvais engrais, trouvent leur opinion fortifiée par l'analyse chimique. La partie la plus importante de cette sorte de paille est le phosphate de chaux ; mais, en supposant que vingt six ares donnent 800 kilog. de paille, on n'aura, dans cette quantité que 2,750 gram. de phosphate de chaux, tandis que, dans la paille de colza, produite par un espace égal de terrain, on en a 5,800 gram.

L'analyse chimique démontre donc qu'il n'est pas indifférent d'employer telle ou telle litière pour les animaux, quand on a en vue la production du fumier; et elle indique que les pailles des céréales, employées presque exclusivement partout pour cet objet, ne valent pas, à beaucoup près, sous ce rapport, celles de colza, de sarrasin et des légumineuses qu'on utilise trop rarement à cet usage. Dans les pays où on a l'habitude de battre le colza et le sarrazin dans les champs mêmes, beaucoup de cultivateurs rassemblent ces pailles en gros tas, y mettent le feu et abandonnent les cendres au vent. Ils se privent ainsi de précieux éléments pour la confection des fumiers.

La paille d'avoine renferme beaucoup de potasse; d'où l'on peut conclure que, pour qu'un terrain produise de belle avoine, il faut qu'il renferme une proportion notable de potasse ; l'expérience le prouve. Les montagnes de Sollingen sont renommées, dans tout le Hanovre, pour leur avoine, et il est reconnu que le sol de ces montagnes contient beaucoup de cette substance alcaline.

La paille de sarrasin se distingue des autres par la quantité de magnésie qu'elle offre à l'analyse. On peut en inférer qu'un terrain, pour être favorable à cette plante, doit contenir beaucoup de magnésie. Donc, dans les terres magnésiennes qui, en général, sont bien inférieures à toutes les autres, et fort peu productives, il y aura tout avantage à y cultiver, de préférence, du sarrasin.

On voit, par ce qui précède, combien de renseignements précieux fournit l'analyse chimique, et sur combien de questions importantes la science peut éclairer la pratique agricole.

Si généralement, dans nos contrées, les fumiers ne sont pas produits en quantité suffisante pour chaque exploitation, cela tient principalement à ce qu'on ne cultive point assez de plantes fourragères et sarclées; et que, par suite, le fermier, étant obligé d'employer la paille comme nourriture d'hiver, il ne peut plus fournir au bétail une litière abondante. Or, il faut toujours se rappeler qu'on obtient d'autant plus de fumier qu'on donne plus de paille en litière. Toutefois, il est convenable de proportionner la quantité de cette litière à la quantité et à la qualité des fourrages. Plus la nourriture est aqueuse et volumineuse, plus il faut de litière au bétail. On comprend facilement, d'après cela, que la litière ne doit être ni égale en quantité, ni de même nature, d'un bout à l'autre de l'année et dans toutes les circonstances. Une litière trop faible ou trop mince ne suffit pas pour recueillir toutes les déjections. Une litière trop forte ou trop épaisse donne une masse plus grande de fumier, mais de fumier moins énergique. Là, où l'on recueille les urines à part, il n'est pas besoin d'autant de paille que lorsqu'on ne suit pas cette pratique.

En général, pour le cheval, la quantité de litière sèche doit être à-peu près égale au poids du fourrage consommé. Les bêtes bovines en exigent davantage, et les porcs plus encore, à cause de la grande liquidité de leurs excréments. Quant aux moutons, leurs crottins étant secs, ce n'est que pour recueillir leurs urines qu'on leur fournit de la litière, et souvent on la remplace par des terres bien sèches. Si l'on employait des terres humides, on risquerait d'altérer leur santé de plusieurs manières. (De Gasparin.)

La litière s'imbibe d'autant mieux des urines, qu'elle est plus divisée. On devrait donc toujours broyer et couper les pailles longues et dures, avant de les employer en litière, afin que leur mélange fût plus parfait avec les excréments des animaux, et que leur répartition fût plus égale sur le tas de fumier. Il est remarquable, comme l'observe sir John Sinclair, que, dans l'antiquité, on ait déjà connu l'usage de tiller et de broyer, en quelque sorte, la paille entre des pierres, pour faciliter sa décomposition et son mélange avec les déjections des animaux, en même temps que pour en faire un couchage plus doux.

Dans beaucoup de localités, on devrait suppléer à la disette des pailles, pour litière, par une foule de plantes ou de débris végétaux qu'il est facile de se procurer avec économie;

telles sont, surtout : les bruyères, les fougères, les feuilles des arbres, les genêts, les roseaux, la mousse, les gazons, la tourbe, les ajoncs, les ramilles, le buis, la sciure de bois, etc. ; la plupart de ces plantes sont mêmes plus riches en principe azoté que les pailles, et, sous ce rapport, elles leur sont préférables comme engrais. C'est ce qu'on voit par les chiffres suivants :

	Azote sur 100.	Équivalents.	Fumure pour un hectare
Feuilles de bruyères sèches.	1,74	22,90	6,870
Feuilles de poirier.	1,30	29,40	8,820
Genet (tiges et feuilles).	1,22	32,78	9,834
Feuilles de hêtre.	1,177	33,98	10,194
— de chêne.	1,175	34,00	10,200
Buis (rameaux et feuilles.)	1,17	34,18	10,254
Balles de froment.	0,85	47,00	14,000
Roseaux.	0,75	53,33	15,999
Feuilles d'acacia.	0,72	55,47	16,641
Sciure de chêne, sèche.	0,54	74,00	22,200
Feuilles de peuplier.	0,538	74,34	22,302
Gazon de prairie.	0,53	75,47	22,641
Sciure d'acacia, sèche.	0,29	137,90	41,370
Sciure de sapin, sèche.	0,16	250,00	75,000

La fougère, dont on ne connaît pas la richesse en azote, est très-riche en sels de potasse. La tourbe renferme de 81 à 92 pour 100 de matières organiques, et de 7 à 18 de matières minérales.

Ces diverses plantes ou débris de plantes doivent être employés verts, parce que secs ils se décomposent très-difficilement; il faut les laisser d'autant plus long-temps sous le pied du bétail, qu'ils sont plus durs, et qu'ils résistent davantage à la pourriture. Ceux qui sont ligneux présentent, cependant, comme litière, d'assez graves inconvénients; ils sont, quelquefois, assez rigides pour gêner les animaux, et ils absorbent difficilement les urines. Avant de les placer sous les animaux, il faut les broyer sous la meule, les couper, ou mieux, par économie de main-d'œuvre, les faire écraser par les roues des voitures de la ferme. En les associant à la litière ordinaire pour une certaine quantité, on apporte une économie notable dans la dépense de la paille consommée dans les étables, on enrichit le fumier, et on obtient un fort bon coucher pour les animaux. Il faut toujours se rappeler qu'économiser la paille de litière, dans une exploitation rurale, c'est augmenter le fourrage.

Un excellent moyen de suppléer, partout, à l'insuffisance des pailles, comme litière, est celui qu'on emploie dans plusieurs localités de l'Angleterre, de l'Allemagne, de la Suisse, et que Schwerz préconise avec juste raison. Il consiste à couvrir le sol des étables, des bergeries, des écuries, avec une certaine quantité de terre sèche, qu'on recouvre, chaque jour, par une nouvelle couche, et qu'on remplace par de nouvelle terre, lorsque la première est suffisamment imprégnée par les déjections des bestiaux.

Les animaux, accoutumés à ce couchage, se reposent sur ce genre de litière tout aussi bien que sur une abondante provision de paille. Ils sont même plus sainement, car les miasmes qui s'élèvent de leurs excréments sont promptement absorbés par les couches de terre qu'on peut répandre une ou deux fois par jour. Nous voyons, en effet, des bestiaux passer leur vie sur des pâturages, dans des prairies où ils reposent sur la terre nue, sans en être incommodé en aucune manière.

Il serait donc facile de rassembler, sous de mauvais hangars, des terres qui seraient répandues sous les bestiaux, sans être trop humides. Ce transport pourrait avoir lieu dans les moments et dans la saison où les travaux des champs n'exigent pas l'emploi des chevaux. On choisira la terre la plus propre au genre d'amélioration que l'on veut opérer dans les champs auxquels le fumier sera destiné. Ainsi, on prendra une terre sablonneuse ou calcaire pour les champs argileux, et *vice versa*. Le sable sera employé de préférence, lorsque le fumier sera destiné à des prairies aigres ou infectées de mousse. On produira ainsi deux bonifications à-la-fois, celle d'un engrais et celle d'un amendement dans le terrain.

Outre la terre ou le sable, une légère couverture de paille ou de toute autre substance végétale est toujours convenable pour le maintien de la propreté des animaux.

Chaque semaine, on transporte le fumier obtenu dans cet intervalle de temps, dans une fosse préparée à cet effet. Le remuement nécessaire pour ce transport produit le mélange des matières qui, entassées successivement, éprouvent une fermentation susceptible de fertiliser chaque molécule de terre.

Les avantages de cette manière de faire la litière, sont incontestables. D'abord, on économise la paille pour la litière, et cette paille peut être entièrement appliquée à la nourriture du bétail, ce qui permet de le mieux nourrir et d'en augmenter le nombre. Il est à considérer que cette même paille, mangée par les animaux, non-seulement ne perd rien des qualités fécondantes qu'elle peut avoir, mais que, bien au contraire, ces mêmes qualités augmentent peut-être du double par l'effet de l'animalisation qu'elle acquière après avoir été soumise au mécanisme de la digestion. D'une autre part, pouvant, dans ce système, nourrir une plus grande quantité de bestiaux, on augmente par cela même la masse des fumiers. Ainsi, bien loin de craindre la diminution des fumiers, on est assuré de les augmenter, et conséquemment de rendre les champs plus fertiles et plus productifs, toutes choses égales d'ailleurs. — D'un autre côté, la terre absorbe mieux les urines, se mêle mieux aux déjections que les pailles, et conserve mieux les principes fertilisants que cette dernière. Le fumier qui résulte de ce mélange plus intime, plus lourd, plus tenace, fermente plus également, perd moins par l'évaporation, et il restitue à la terre la quantité de terreau léger et pulvérulent qui lui est enlevée par le vent et par la pluie. Il est incontestable qu'un pareil fumier terreux est d'un effet plus énergique et plus durable, sur les terres moyennes, que le fumier ordinaire contenant beaucoup de paille.

C'est dans les étables de moutons que la terre rend surtout de bons services, en atténuant l'odeur trop forte des urines, et en absorbant les fluides qui, de toute manière, se perdent dans le sol. Il est certain qu'avec le système ordinaire de litière et de bergeries, les deux tiers des urines, rendues par les animaux, sont absorbés par le sol des bergeries qui ne sont pas pavées. On pourra donc juger de la quantité d'engrais qui se perd journellement dans nos étables, si l'on fait attention que les urines des bestiaux sont dans une proportion des quatre-cinquièmes plus considérable que leurs excréments. Or, en recouvrant le sol d'une couche sans cesse renouvelée de terre sèche, de sable, de tourbe, on ne perdra pas un atôme d'urine, et il est évident que les animaux se porteront mieux en couchant sur une litière sèche et toujours nouvelle, que lorsqu'ils croupissent dans une fange humide, puante et malsaine, telle que celle qu'on voit généralement dans nos étables et écuries.

Je recommande d'autant plus l'emploi des litières de terre et de sable, que la pratique des meilleurs cultivateurs anglais, hollandais et bavarois se joint à la théorie pour donner la préférence à ce genre de litière sur presque tous les autres, employé et préconisé d'ailleurs par des agronomes fort distingués, tels que Pictet, Schwerz, Benninghausen.

§ IV. De la manière de traiter les fumiers.

Les fumiers constituant presque partout l'engrais par excellence; il semble que tout ce qui a trait à leur confection et à leur distribution devrait être l'objet de l'attention la plus assidue et la plus éclairée de la part des cultivateurs. Il n'en est rien cependant, et, sauf quelques rares exceptions, l'administration des fumiers est, en France, dans l'état le plus déplorable.

Dans beaucoup de fermes, les écuries, les bouveries, les bergeries sont éloignées les unes des autres ; le mélange des fumiers ne peut être pratiqué facilement lors de leur nettoiement ; souvent même il ne se fait pas du tout, et chaque espèce de fumier forme un tas séparé que le cultivateur transporte indistinctement sur la pièce de terre qu'il veut engraisser. Souvent une terre forte, argileuse, froide et humide reçoit du fumier de vache, tandis que le fumier de cheval et de mouton est porté sur un terrain poreux, sec et léger.

Un autre abus, non moins fâcheux, existe relativement à l'emplacement des fumiers. Dans la majeure partie des exploitations, on entasse les fumiers, à mesure qu'on les retire de dessous les animaux, dans une cour dont le sol est plus bas que celui qui l'avoisine. Là, les fumiers, exposés en plein air, sont livrés à l'ardeur dévorante du soleil, pendant l'été. Dans les temps pluvieux, et conséquemment pendant presque tout l'hiver, ils sont abreuvés et pour ainsi dire submergés par les eaux qui arrivent de toutes parts. Ces eaux les dépouillent de toutes leurs parties solubles, forment dans la cour une nappe infecte et boueuse d'un suc noirâtre, qui, peu-à-peu s'échappe en pure perte au-dehors, et va corrompre les puits et les mares voisines. — Les bestiaux qui piétinent le tas de fumier, les volailles qui le grattent, occasionnent une plus forte déperdition, en multipliant les surfaces en contact avec l'air. Il ne reste bientôt de fumiers, ainsi abandonnés à toutes les intempéries de l'air, que des pailles dépourvues de la plus grande partie des sels et des sucs si nécessaires à la végétation.

Non-seulement cette manière de conserver les fumiers leur fait perdre leurs principes les plus utiles, et diminue singulièrement la masse d'engrais dont on peut disposer, mais elle nuit encore à la salubrité des habitations environnantes ; l'atmosphère y est toujours humide et remplie de gaz malfaisants, ou du moins fort incommodes, qui se dégagent des fumiers, quelque lente que soit la putréfaction ; et, dans les temps chauds, des myriades d'insectes, attirés par ces exhalaisons, envahissent tous les alentours et tourmentent les bestiaux.

Pour faire cesser un pareil état de choses si funeste à l'agriculture, il faudra, sans doute, bien du temps et des exhortations, car rien n'est plus difficile à changer que les habitudes vicieuses de nos campagnes. Que coûterait-il, cependant, d'abriter les fumiers par un hangar ou par des ormes et des mûriers plantés à l'entour, afin de maintenir une température uniforme, et retarder la dessiccation et l'évaporation des matières en fermentation? Pourquoi ne pas établir, autour de la place qui leur est destinée, une espèce de petite digue ou de petit mur, ainsi que cela est pratiqué dans les fermes des environs de Caen, qui empêche les eaux de la cour de s'y introduire? Alors le tas de fumier ne recevrait que les eaux pluviales qui sont nécessaires à sa bonne confection. Il faudrait, en outre, disposer la place de manière à ce que le tas ne pût s'égoutter que par une seule issue, car il lui faut un égout. Le jus de fumier ou PURIN, au lieu de se perdre, serait reçu dans une petite mare ou une citerne, et conservé soigneusement; car c'est un excellent engrais qu'on répandrait, en temps opportun, sur les prairies et les terres de culture, au moyen du tonneau-arrosoir dont on se sert pour les promenades publiques.

Quelques cultivateurs, pour éviter d'avoir un trou à fumier, et la multiplication des transports, font conduire de suite les vidanges des écuries et des étables sur les pièces de terre qui doivent être engraissées, et en forment ainsi des dépôts temporaires qu'on répand et qu'on enterre en temps utile. Mathieu de Dombasle, qui suivait d'abord cette méthode dans sa ferme-modèle de Rôville, y a renoncé, parce qu'il a reconnu que la perte du PURIN, inévitable dans cette circonstance, est plus importante qu'il ne l'avait jugé d'abord, et il préfère déposer les fumiers en un tas sur une place disposée à cet effet, dans le voisinage immédiat de la ferme. Le transport du fumier est un peu plus long au moment de l'emploi; mais cet inconvénient est bien léger, comparé à l'avantage qu'on tire de 150 tonneaux de purin, de 6 à 7 hectolitres chacun, qu'on extrait chaque année du réservoir placé au-dessous du tas de fumier, et qu'on fait conduire sur les prairies. Mathieu de Dombasle estime chaque tonneau à 3 fr., et il affirme que, s'il en trouvait à acheter à ce prix, il regarderait le marché comme fort avantageux. Il recueille donc chaque année, pour une valeur d'environ 450 fr., d'un produit qui serait entièrement perdu si le fumier était mis en dépôt dans les champs ; d'ailleurs, le cultivateur, ayant presque continuellement son tas de fumier sous les yeux, peut bien mieux lui donner à propos les soins qu'il exige, et qui contribuent essentiellement à lui conserver tous les principes fertilisants.

Dans la ferme de Roville, la place au fumier est disposée d'une manière très-simple. C'est un espace plat et de niveau avec le sol environnant, mais dont le fond est glaisé de manière à ne permettre aucune infiltration. Cet espace a 12 mètres de longueur sur 7 mètres de largeur; et, lorsque le tas de fumier occupe toute cette étendue sur une hauteur d'environ 2 mètres, il contient 300 à 350 voitures de fumier du poids moyen chaque de 650 kilog. — Sur les quatre côtés de cet espace règne, au pied du tas de fumier, une rigole que l'on entretient toujours bien curée, et qui conduit tout le purin qui s'écoule dans un réservoir de 2 mètres environ en carré, sur 1 mètre de profondeur, et qui est pratiqué à la partie la plus basse de l'emplacement. En dehors de la rigole, et tout autour du tas, on a pratiqué, en gravier mêlé d'argile, une espèce de levée de 1 mètre 1/2 de largeur, afin d'empêcher que le purin puisse jamais sortir des rigoles et que les eaux extérieures puissent s'y mélanger. Cette levée n'a que 2 décimètres environ de hauteur au milieu, et se termine en pente douce des deux côtés, en sorte qu'elle est presque insensible à la vue, et qu'elle ne gêne nullement l'accès des charriots qui peuvent entrer et sortir sur tous les points. Dans le réservoir est placée une pompe fixe en bois, au moyen de laquelle on peut verser le purin, soit sur le tas de fumier pour l'arroser, soit dans un tonneau placé sur une charrette pour le conduire sur les prairies. — Le fumier est disposé avec soin sur cet emplacement. On élève toutes les faces du tas aussi verticalement qu'on le ferait pour les murailles d'un bâtiment ; et, afin que l'ancien fumier ne se trouve pas toujours enfoui sous le nouveau, comme cela arrive communément, on forme à volonté, dans l'emplacement, deux ou trois divisions que l'on charge et que l'on enlève successivement; mais les tas qui forment ces divisions sont entièrement contigus les uns aux autres, en sorte que, lorsqu'ils sont élevés à la même hauteur, ils présentent l'apparence d'un seul tas régulièrement rectangulaire. C'est dans une de ces divisions qu'on forme les compots de chiffons et autres.

Voilà la disposition du principal tas de fumier de la ferme de Rôville, celui qui reçoit les fumiers de la bergerie, des bœufs à l'engrais, des vaches et des porcs. Un autre tas, moins étendu, mais disposé à-peu-près de même, avec réservoir et pompe à purin, reçoit le fumier des étables des bœufs de trait et des chevaux, à portée desquelles il est situé. Il serait à désirer que ces emplacements fussent abrités par des arbres qui les garantissent des ardeurs du soleil, ou que les tas de fumier fussent recouverts avec de la paille, que l'on assujétit en plaçant dessus quelques morceaux de bois un peu lourds. A défaut de ces abris, le fumier se dessèche fréquemment pendant les chaleurs de l'été. On remédie à cet inconvénient très-grave dans la préparation des fumiers, en arrosant les tas aussi souvent que le besoin s'en fait sentir, d'abord avec le purin contenu dans le réservoir, et, en cas d'insuffisance, avec de l'eau. Dans ce dernier cas, on emploie une pompe à incendie et de l'eau que l'on puise dans un ruisseau voisin; par un travail d'une couple d'heures, on pénètre ainsi d'eau, jusqu'au fond, un énorme tas de fumier.

Mathieu de Dombasle ne pense pas qu'une autre méthode de faire les fumiers puisse être plus favorable, soit pour leur conservation, soit pour la facilité du service.

Voici la figure et la description de la pompe à purin que Mathieu de Dombasle emploie :

Coupe verticale et parallèle à la face.

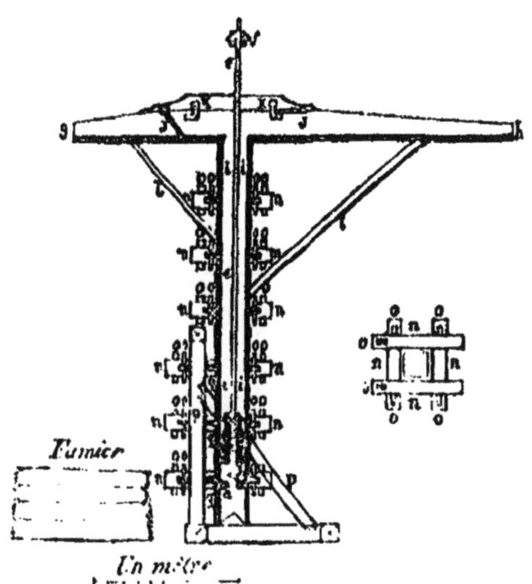

La même coupe, vue de côté.

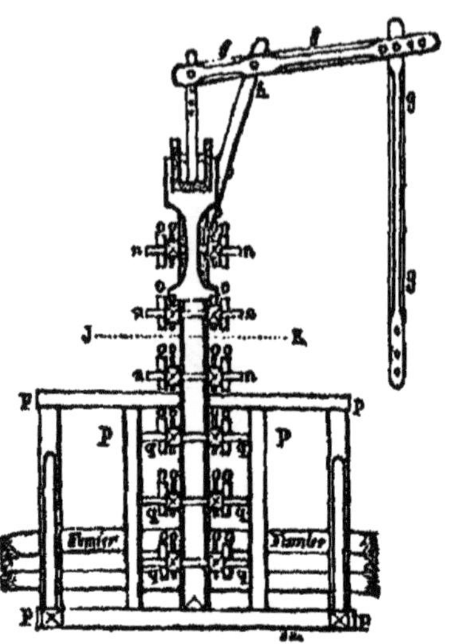

a. Plateau en chêne, de 5 centimètres d'épaisseur, percé dans son milieu d'une ouverture ronde de 6 centimètres de diamètre ; ce plateau est fixé horizontalement dans le corps de pompe à 35 centimètres de son extrémité supérieure, et il porte à sa surface supérieure la soupape *b* qui ferme l'ouverture.

c. Piston en bois de 14 centimètres carrés et

22 centimètres de hauteur, percé dans sa direction verticale d'un trou rond de 6 centimètres de diamètre, et au-dessus duquel est placée une soupape; les quatre faces latérales de ce piston sont garnies chacune d'une bande de cuir, épais de 15 centimètres de largeur et 30 centimètres de hauteur, dépassant le dessus du piston d'environ 8 centimètres; ces bandes ne sont clouées sur le piston que par leur bord inférieur, afin que, pendant la course de bas en haut, elles se collent contre les parois du corps de pompe, au moyen de la seule pression du liquide qui charge le piston. — Le piston arrivé au haut de sa course, les bandes de cuir reprennent leur position primitive pendant le mouvement descendant, qui doit se faire sans frottemen contre les parois du corps de pompe.

e. Tige en bois de 4 centimètres d'épaisseur, 7 de largeur, et 2 mètres 60 centimètres de longueur, fixée à l'une de ses extrémités au balancier *f* par un boulon formant charnière, et de l'autre au piston auquel elle communique le mouvement.

ii. Parois du corps de pompe en planches de sapin ou autres, de 3 centimètres d'épaisseur, 16 centimètres de largeur dans œuvre, et 2 mètres 55 centimètres de hauteur, assemblées à angle droit par des vis à bois, et maintenues par les brides en bois *n*, serrées par les clefs *o*, comme on le voit dans les trois figures.

ll. Planches servant d'arc-boutant sous le chenal.

g. h. Chenal en planches de 3 centimètres d'épaisseur, servant à conduire le liquide en *g* ou en *h*, selon que l'on veut le recueillir, dans un tonneau placé sur une charrette du côté *h*, ou en arroser le fumier par le côté *g*. Cette manœuvre s'opère au moyen des volets *jj* et des crochets *kk* qui ouvrent et ferment à volonté l'une ou l'autre partie du chenal.

f. Balancier en bois de 10 centimètres de largeur, 8 d'épaisseur et 1 mètre 75 centimètres de longueur.

h. Bras servant de point d'appui au balancier.

g. Verge en bois à laquelle l'homme donne le mouvement qu'il veut communiquer à la pompe.

pp. Chevalement à demeure auquel est fixée la pompe au moyen des traverses *qq*.

Dans les deux fermes de l'Institut de Hoheinheim, Schwerz dispose les fumiers d'une manière un peu différente que Mathieu de Dombasle. Le lit du fumier est de niveau avec le terrain environnant, et ne forme aucune excavation. Le sol n'est pas pavé, mais seulement formé de moellons posés de champ, recouverts d'une petite couche de débris de pierre un peu gros, puis, d'une autre couche de pierres plus menues, mêlées et recouvertes d'un peu de terre, le tout bien damé. Ce lit se maintient très-bien. Un lit en bon pavé pourrait être meilleur encore.

Une fosse (*a*) sépare en deux parties (*bb*) le lit

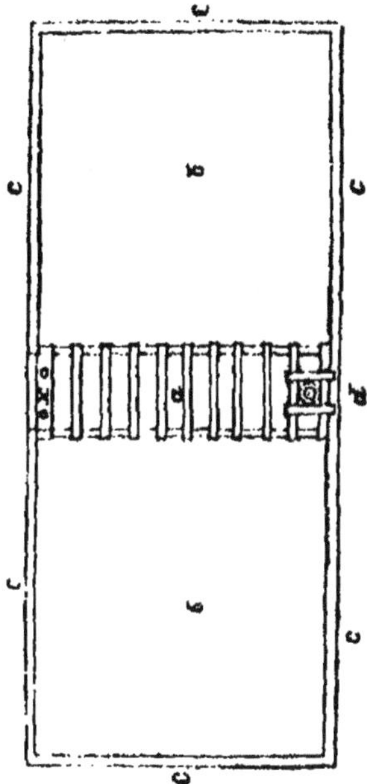

du fumier. Chaque partie du lit a une pente

d'environ 32 centimètres vers la fosse, afin que le purin y coule et s'y rassemble ; mais comme une certaine quantité de liquide n'en découle pas moins des trois autres côtés des lits, ils sont garnis d'une rigole pavée (*cc*) qui conduit ce liquide dans la fosse.

A l'un des bouts de la fosse est solidement fixée une forte pompe (*d*), au moyen de laquelle le purin peut être ramené sur le fumier ou versé dans des tonneaux. Pour faciliter la dispersion du liquide sur toutes les parties du fumier, on emploie la disposition mobile (*ee*) suivante :

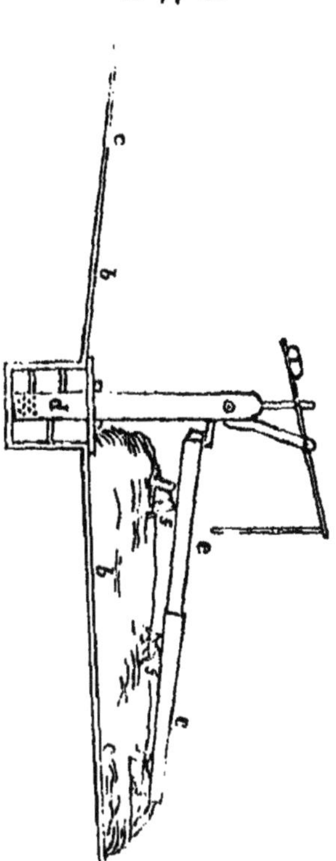

On place sous le déversoir de la pompe plusieurs noues légères, faites de planches bien jointes. Chaque noue est plus large d'un bout que de l'autre, afin qu'elles puissent se poser l'une dans l'autre. Elles sont portées par des chevalets (*ff*) dont les jambes sont liées en ciseaux par un seul rivet ; ces chevalets peuvent ainsi, en s'ouvrant ou en se fermant, présenter un point d'appui plus ou moins élevé, de manière à ce qu'on puisse, par suite, donner aux noues la hauteur et la pente nécessaires, suivant la hauteur variable du fumier. L'appareil peut être facilement transporté d'une partie du fumier sur l'autre.

Il est nécessaire que les parois de la fosse, à laquelle on donne de 1 mètre 30 centimètres à 1 mètre 65 centimètres de profondeur, et dont on proportionne la capacité à l'étendue du lit de fumier, soient revêtues en maçonnerie, ou en madriers retenus par de forts poteaux en chêne. Le fond de la fosse doit être garni de terre grasse bien damée. Il est bon de couvrir cette fosse en madriers, ou d'un gril assez serré en bois et solide, mais qui ne s'oppose pas au suintement du liquide : cette disposition fait gagner de l'espace, en ce qu'on peut disposer un tas de fumier sur la fosse même.

Ce fumier procure lui-même un autre avantage; en été, il s'oppose à l'évaporation du liquide, et, en hiver, à sa congélation.

Il reste encore une bonne disposition à ajouter; c'est de diriger dans la fosse les urines des étables et écuries, ainsi que de placer au-dessus de la fosse, du côté opposé à la pompe (x), les latrines des valets et ouvriers. Ainsi, on réunit sur un seul point tous les éléments de fertilité que produit une ferme. Cette disposition est aussi celle qui rend plus faciles tous les travaux de préparation et de chargement des engrais.

Dans certaines parties de la Suisse, on a une disposition particulière. Tout le lit du fumier, ou du moins la plus grande partie, forme une fosse plus longue que large. Dans le sens de la largeur, sont placées les unes contre les autres des poutrelles ou de petits arbres, de manière à former une espèce de gril, sur lequel on place le fumier. Le liquide qui suinte tombe directement dans la fosse, à travers le gril en bois. L'un des bouts de la fosse reste découvert; on y place une pompe, qui sert à ramener le liquide sur le fumier, ou à remplir les chariots, lorsqu'il s'agit de l'appliquer immédiatement aux cultures; en outre, on conduit toutes les urines dans la fosse. Cette disposition, qui n'est pas sans intelligence et sans utilité, n'est guère applicable, toutefois, qu'aux petites exploitations; le gril empêche qu'on puisse passer avec un chariot sur le fumier même, et ne permet pas, par conséquent, de lui donner une certaine étendue, qui d'ailleurs, et dans d'autres pays, rendrait cette disposition trop coûteuse.

De Voght, *ancien propriétaire du domaine de Flotbeck, près de Hambourg*, administrait ses fumiers d'*une manière toute différente*. Il faisait vider ses étables tous les huit jours au moins. Le fumier était produit *par des bœufs* et des chevaux bien nourris, auxquels on donnait pour litière de la paille de colza et des fanes de pommes de terre. Pour empêcher que ce fumier se réduisît par une fermentation anticipée, de Voght le faisait stratifier avec de la boue des cours et des chemins, de la terre des fossés, avec des sarclures et balayures, composées en partie de cendres et de débris animaux et végétaux. Par ce moyen, son fumier ne diminuait ni de poids ni de volume. — On perd ordinairement par la pratique habituelle 30 pour 100 de fumier, et sa force diminue par suite d'une fermentation trop hâtée. Les terres stratifiées et imprégnées de fumier se mêlent facilement et intimement avec le sol, et empêchent l'accumulation des parties non décomposées du fumier, ce qui amène ordinairement après soi la carie et la rouille, et dispose les blés à verser. — Lorsque la surface du tas de fumier se couvrait d'herbes, de Voght la faisait retourner à la bêche; les herbes ainsi enterrées ne pouvaient porter graines; on l'arrosait ensuite fréquemment avec du purin.

Mathieu de Dombasle n'est pas partisan de cette méthode que de Voght recommandait, au contraire, à tous les cultivateurs. Ses motifs, pour la combattre, sont que des mélanges de terres n'ajoutent rien aux propriétés fertilisantes du fumier, ne font qu'accroître le nombre de voitures, et par conséquent les frais de transport; que, quant aux terres qui contiennent elles-mêmes des principes fertilisants, comme les curures des fossés, les boues et balayures des cours et chemins, etc., il est bien plus économique de les employer à part ; car, en les mélangeant avec le fumier, on n'ajoute rien aux effets que peuvent produire ces deux sortes d'engrais. Il n'en est pas de même de l'introduction de la tourbe dans le fumier ; suivant l'habile directeur de Rôville, il est extrêmement utile, lorsqu'on a de la tourbe à sa dispotion, d'en mélanger par couches alternatives avec le fumier, parce que la fermentation qui s'établit dans la masse détermine la décomposition de la tourbe, et la convertit en un véritable engrais, les gaz ammoniacaux du fumier saturant l'acide ulmique et le rendant soluble ; tandis que si on employait la tourbe sans cette décomposition préalable, elle serait loin de produire les mêmes effets.

Il y a, comme on le voit par tout ce qui précède, des différences, même chez les agriculteurs les plus habiles, dans la manière d'administrer les fumiers après leur sortie des étables. Au reste, toute méthode est bonne, pourvu qu'elle satisfasse aux conditions suivantes :

1° Recueillir tout le purin dans un réservoir placé de manière à ce qu'il soit facile de reverser, au besoin, ce liquide sur le fumier ;

2° Ne laisser arriver sur le fumier aucune eau étrangère ;

3° Garantir le fumier d'une évaporation trop prompte et des lavages opérés inégalement par les eaux pluviales ;

4° Donner à l'emplacement du fumier une largeur suffisante pour qu'il ne soit pas nécessaire d'élever les tas à une trop grande hauteur ;

5° Faire sur cet emplacement assez de divisions pour que l'ancien fumier ne se trouve pas toujours enfoui sous le nouveau ;

6° Enfin, disposer l'emplacement de telle sorte que les voitures puissent en approcher facilement, et qu'il ne faille pas de trop grands efforts pour enlever des charges un peu lourdes.

Le fumier doit être transporté des étables au lieu où on l'entasse sur une brouette basse sans parois. On ne doit employer le crochet et traîner la litière sur le sol, qu'autant que les lieux d'où on l'enlève sont très-rapprochés du dépôt ; autrement on éprouve des pertes considérables. Le fumier doit être étendu et divisé bien uniformément sur le tas, puis foulé et tassé, afin d'éviter des vides qui, par la suite, donnent lieu à la moisissure ou au BLANC, qui cause une grande détérioration dans la qualité de l'engrais. Cette CHANCISSURE ou ce BLANC est produite par un excès de sécheresse et de défaut d'air. En cet état, la paille devenue cassante au moindre effort, n'est plus susceptible de donner une chaleur nouvelle. L'invasion de la chancissure est un des cas rares où il est bon de remuer le tas de fumier. On la prévient, au reste, par des arrosements fréquents.

Pour éviter une trop grande dessiccation, on a l'habitude, dans certaines localités, de déposer les matières au *nord d'un bâtiment*. Cette disposition, qui a quelques avantages, n'est pas toujours réalisable dans une grande exploitation, où le voisinage aussi immédiat d'une grande masse de substances en putréfaction peut devenir très-gênant, et peut-être insalubre. Dans le département du Nord, on met quelquefois les engrais à l'abri du soleil, au moyen d'une plantation d'ormes qui garnit les abords de la fosse ; cet abri est préférable à celui d'un hangar, qui peut entraver le service des voitures, qui est toujours dispendieux à établir, et qui est assez rapidement détruit par les vapeurs chaudes et alcalines qui s'échappent du fumier en fermentation.

Un agriculteur fort distingué, Schwerz, préconise beaucoup le séjour des fumiers dans les étables, et il soutient que, quelques bonnes dispositions qu'on puisse faire pour la préparation du fumier à ciel ouvert, les résultats ne sont et ne peuvent jamais être d'une qualité égale à ceux des fumiers préparés et conservés dans l'intérieur des écuries. La fermentation s'y développe plus rapidement et plus régulièrement, le fumier ne perd que très-peu de son volume et gagne chaque jour en qualité. Cette méthode procure, en outre, une grande économie dans les travaux de transport, puisque le fumier passe immédiatement de l'étable sur la charrette qui doit le transporter aux champs.

Si cette pratique a quelques avantages, elle a,

contre elle, de compromettre la santé des animaux. En effet, reposant des mois entiers sur une couche plus ou moins épaisse de fumier que l'humidité et les urines convertissent en une espèce de fange où le bétail enfonce, celui-ci est sujet à plusieurs maladies, notamment à des enflures fâcheuses, à des inflammations aux cuisses, qui peuvent devenir mortelles. Ce n'est qu'autant qu'on peut disposer d'une grande abondance de litière, et qu'on la renouvelle très-fréquemment, qu'on parvient à éviter en grande partie l'inconvénient dont je viens de parler. Toutefois, il y a encore un autre vice attaché au séjour du fumier dans les écuries; c'est la CHANCISSURE OU LE BLANC, qui attaque très-vite les litières qui pourrissent trop long-temps dans les lieux clos. Or, dans cet état, le fumier a perdu une grande partie de sa valeur comme engrais.

Entre cette pratique, qui a encore contre elle de nécessiter des étables trop spacieuses, et celle tout opposée, suivie dans quelques localités, et qui consiste à enlever tous les jours la partie de la litière qui est salie par les excréments ou mouillée par les urines des animaux, il y a un moyen terme convenable : c'est d'enlever la litière tous les huit ou douze jours, et d'en mettre de fraiche sur l'ancienne tous les deux ou trois jours. De cette manière, on arrive à obtenir de bons fumiers sans nuire à la santé des animaux.

C'est une chose à peine croyable que la différence qui résulte de la disposition des étables pour la quantité de fumier qu'on obtient. Dans la Belgique, les cultivateurs calculent que chaque vache nourrie à l'étable produit, dans l'année, cinquante à soixante voitures de fumier, c'est-à-dire 32,500 à 39,000 kilog. Cette quantité est tellement disproportionnée à ce qu'on obtient partout ailleurs, que Mathieu de Dombasle a voulu vérifier ce fait important. En conséquence, il a fait disposer à Rôville deux étables à la manière belge, l'une pour douze bœufs à l'engrais, et l'autre pour douze vaches. Cette disposition consiste à pratiquer, comme l'indiquent les figures ci-dessous, en avant des bêtes, un passage pour leur donner la nourriture, et derrière elles un espace large et un peu enfoncé, dans lequel se rendent toutes les urines, et où l'on jette tous les jours le fumier qu'on enlève sous les bêtes. On vide ce fumier lorsqu'il s'accumule trop.

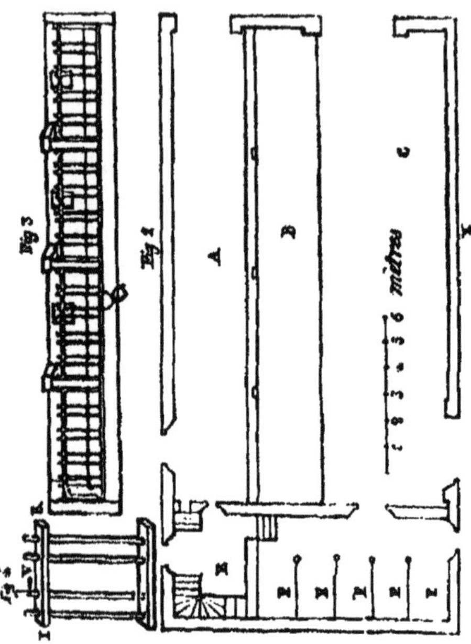

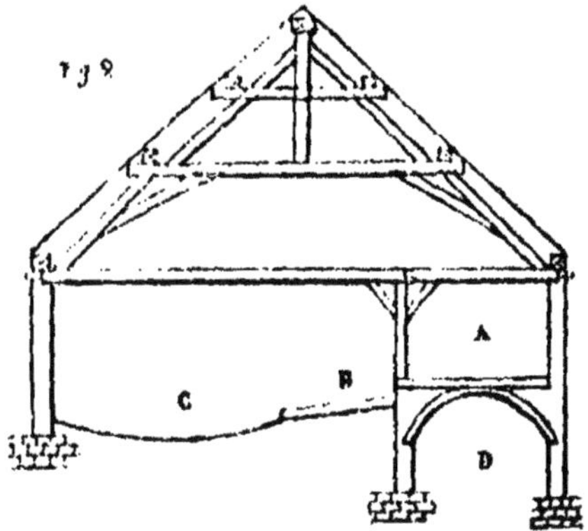

Fig. 1. Plan de l'étable belge.

Fig. 2. Coupe de l'étable sur la ligne *xy* de la fig. 1.

Fig. 3. Vue de face des montants auxquels on attache les bêtes, et du trottoir.

Fig. 4. Vue des montants sur une plus grande échelle. On voit, dans cette figure, la cheville V qui entre dans le trou *u*, et qui sert à fixer le montant dans sa place, lorsque cette cheville se trouve au-dessous de la traverse IK.

A. Trottoir planchéié ou cimenté, sur lequel on dépose le fourrage amassé auprès des bêtes, ou les baquets pour leur donner les aliments liquides.

B. Emplacement du bétail.

C. Emplacement un peu creux dans lequel le fumier reste déposé.

D. Galerie voûtée pour conserver les racines.

E. Vestibule et escaliers pour descendre dans les galeries voûtées et pour monter dans la partie supérieure de l'étable.

FF. Loge pour les veaux.

L'expérience a démontré à Mathieu de Dombasle qu'il n'y a rien d'exagéré dans la quantité de fumier qu'on peut obtenir dans les étables disposées ainsi, lorsqu'on peut donner au bétail une grande abondance de litière. La quantité de fumier qu'il a obtenue dans ces sortes d'étables a été constamment double de celle que lui donnait le même nombre de bêtes recevant la même nourriture et placées dans une autre étable construite à la manière ordinaire, de sorte que le fumier était enlevé tous les deux jours ; le fumier était aussi plus gras et de bien meilleure qualité dans l'étable belge.

Voici les quantités de fumier que Mathieu de Dombasle a obtenues de chaque espèce de bétail. J'indique en même temps, pour quelques uns, la quantité de nourriture administrée et la proportion de fumier produite par une même quantité de substance alimentaire sèche :

	Fumier produit par an		Nourriture représentée par foin sec.		100 kil. de foin donnent donc :
	en voitures.	en kilog.	p^r jour.	p^r an.	en fumier
Cheval.	25	16,200	20 k.	7,300	221 k. 9
Bœuf à l'engrais.	39	25,350	20	7,300	347
Vache laitière	30	19,500	10	3,650	534
Mouton adulte	»	0,600	1	0,365	164
Porc.	19	12,350	»	»	»
Bœuf de trait.	12	7,800	»	»	»

La quantité de litière n'a pas été déterminée, mais elle a toujours été employée en quantité suffisante pour absorber toutes les urines, les étables et écuries étant disposées de manière qu'aucune partie de ces dernières ne peut en sortir ; en sorte qu'on est forcé de les faire absorber par la litière, dans la rigole qui règne derrière les animaux.

Si l'on compare la quantité de fumier fournie par un bœuf de trait à celle qu'on obtient d'un bœuf à l'engrais, ou à celle que produit une vache laitière qui ne sort pas de l'étable, on peut se faire une idée de l'avantage de la nourriture à l'étable, et de la bonne disposition des étables belges sous le rapport de la production du fumier.

On voit, par le tableau qui précède, qu'un bœuf nourri constamment à l'étable, produit annuellement 39 voitures de fumier, tandis qu'un bœuf de trait n'en fournit que 12. D'une vache laitière qui ne sort pas, on retire, par an, 30 voitures de fumier, tandis que, par le pâturage, elle n'en donnerait que 12 à 18 au plus.

Les excréments du bétail qui passe la journée au pâturage sont perdus pour le tas de fumier, comme ceux des bêtes qui sont employées au travail. On peut observer, dans tous les champs de blé, l'effet de l'urine du bœuf de labour, qui est tombée sur la terre comme un coup d'épée ; elle aurait suffi pour engraisser parfaitement plusieurs mètres carrés, et elle n'a fait, sur la largeur d'une assiette où elle a été versée, que procurer aux plantes une végétation excessive, à la suite de laquelle elles ne produisent presque rien ; de sorte que ce précieux engrais fait ici plus de mal que de bien.

Il y a donc tout avantage, sous le rapport de la production des engrais, à nourrir constamment les animaux à l'étable. C'est ce que faisait Mathieu de Dombasle pour toutes ses bêtes. Jamais il ne faisait parquer ses moutons. Ses porcs ne sortaient jamais de leur loge, si ce n'est en été, une demi-heure chaque jour, pour aller se baigner à la rivière.

De ce qui précède, on peut conclure que les trois conditions importantes pour obtenir, d'un nombre donné de bestiaux, la plus grande quantité de fumier possible, sont :

1° De les nourrir très-copieusement, car la quantité de fumier que produit le bétail est toujours en proportion de la nourriture qu'il reçoit ;

2° De leur fournir constamment une litière abondante, de sorte qu'aucune portion des urines ne se perde ;

3° De les nourrir toute l'année à l'étable.

« Dans le plus grand nombre des exploitations, où les bestiaux sont nourris à la pâture pendant l'été, dit M. de Dombasle, et où la paille forme une partie considérable de la nourriture d'hiver, on ne tire pas annuellement plus de 4 voitures de fumier par tête de gros bétail, tandis qu'on en peut tirer 20 et même davantage, de bien meilleur fumier, par une nourriture copieuse donnée à l'étable. Il y a, dans cette augmentation, de quoi doubler, dans presque toutes les circonstances, le produit de toutes les récoltes de l'exploitation, et, par conséquent, augmenter le produit net dans une bien plus grande proportion, puisque les frais de culture sont les mêmes pour une terre richement amendée et pour une terre pauvre. La proportion des fourrages artificiels se trouvera augmentée de même par l'effet de l'amélioration des terres de l'exploitation, ce qui permettra non-seulement de nourrir copieusement le même nombre de bestiaux, mais d'en entretenir davantage. C'est sous ce point de vue qu'on doit considérer la nourriture à l'étable, si l'on veut apprécier toute l'importance de cette méthode pour la prospérité d'une exploitation agricole. D'un autre côté, l'augmentation de nourriture qu'on fait consommer au bétail, pour en obtenir une plus grande abondance d'engrais, n'est jamais onéreuse.

parce que l'augmentation des autres produits, comme le lait, la graisse, la laine, la viande, ou le travail par les bêtes de trait, paie toujours largement cette augmentation de dépense. En effet, il n'y a pas de bestiaux, de quelqu'espèce qu'ils soient, qui donnent moins de profit que des bestiaux maigrement nourris. On pourrait cependant ici pécher aussi par l'excès, mais il est bien facile de s'en garantir. »

Mathieu de Dombasle a reconnu que le fumier produit par le bétail qui reçoit des tourteaux de graines est d'une qualité de beaucoup supérieure à tous les autres. Pendant l'été, les fumiers sont toujours de très-bonne qualité, mais quand les bêtes sont nourries de fourrages secs, les fumiers manquent d'humidité. Ceux qui proviennent des brebis portières, des vaches laitières, sont bien meilleurs, parce qu'elles reçoivent des racines.

J'ai donné, un peu plus haut, la disposition d'une étable belge, où les urines ne sont pas séparées des fumiers. Mais comme dans beaucoup de contrées, en Suisse, dans le nord de la France, et même en certaines parties de la Flandre, on recolte les urines à part des fumiers, il est convenable de faire connaître les dispositions adoptées dans ce cas, afin de compléter ce qui a trait à la production et à l'administration des fumiers.

Dans les localités que je viens de citer, où l'on opère toujours le mélange des urines et des excréments, mélange connu sous les noms de GULLE et de LIZIER, le bétail est placé, dans les étables et écuries, sur une plate-forme en dalles ou en madriers de 21 à 22 décimètres de large, ayant une légère pente de l'avant à l'arrière. Immédiatement derrière cette plate-forme, règne une rigole en bois, large de 3 décimètres et profonde de 2, qui reçoit les urines et au besoin l'eau d'un réservoir situé à proximité. Cette rigole aboutit à un réservoir en madriers, enterré dans le sol et soigneusement entouré d'argile bien battue; il a 12 à 16 décimètres d'ouverture et autant de profondeur; il est fermé par un couvercle; la rigole est close par une éclusette à coulisse. Outre ce premier réservoir, ou ces premiers réservoirs, si c'est dans une exploitation assez considérable pour en exiger plusieurs, il y a un très-grand trou à LIZIER, d'une capacité assez grande pour recevoir tout le liquide produit pendant un mois ou six semaines. C'est dans le sol même de l'étable que tous ces réservoirs sont le mieux placés. Il y a une différence de niveau entre les petits et le grand réservoir, de manière à ce que les premiers déversent dans le second. Lorsque cette disposition ne peut avoir lieu, le transvasement du liquide est opéré au moyen de pompes et de seaux, ce qui rend le travail bien plus difficile.

Voici, maintenant, comment on organise la manipulation des fumiers. On fait d'abord arriver dans la rigole de l'eau, jusqu'à moitié de sa profondeur. L'urine des animaux y coule d'elle-même; les excréments sont enlevés le plus souvent possible, jetés dans la rigole et bien délayés dans le liquide qui s'y trouve. Mais comme il reste toujours une partie de ces excréments attachés à la litière, tous les trois jours, lorsqu'on l'enlève de dessus la plate-forme, on la tasse dans la rigole où on l'imprègne complétement de liquide; puis, lorsqu'elle est bien lavée, on la dépose le long du bord opposé aux bestiaux, en petits tas hauts et pointus, afin qu'elle dégoûte, et que le liquide qui en découle rentre dans la rigole. On transporte ensuite la litière sur le tas de fumier, où on étend, en ayant soin de la bien tasser.

Lorsque la rigole est pleine de liquide, on ouvre l'éclusette pour le faire couler dans le petit réservoir. Plusieurs fois par jour, on opère le mélange des excréments avec l'urine et l'eau qu'on a fait revenir dans la rigole, et on la vide successivement Aussitôt qu'un petit réservoir est plein, on le déverse dans le grand, où le lizier éprouve une fermentation qui dure d'un mois à six semaines, suivant la température et la saison. Une pompe solidement établie au milieu du grand réservoir sert à remplir de lisier les tonneaux qui doivent le transporter sur les prairies.

La figure ci-après est le plan géométrique d'un bâtiment servant pour une étable à huit vaches et une écurie à six chevaux, dans une ferme du département du Nord, où l'on suit, à peu de chose près, le système suisse que je viens d'exposer. Le cadre de tout le bâtiment est presque toujours en maçonnerie, le parterre pavé en grès.

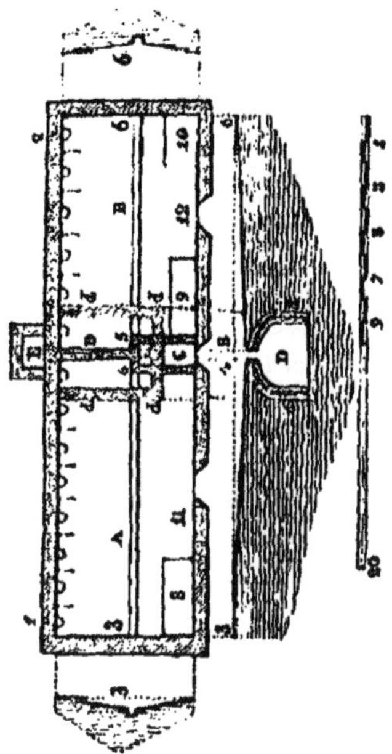

A. Etable à vaches.
B. Ecurie aux chevaux.
C. Latrines. — 7. Lanterne de siége sur les latrines.
D. Cloison de séparation entre l'étable et l'écurie.

dddd. Emplacement souterrain de la citerne ou réservoir sous la cloison D.

E. Partie du réservoir à l'extérieur, par laquelle on puise le *lizier* au moyen d'une pompe, pour en remplir les tonneaux d'arrosement.

3. 4. 5. 6. Coulisses en bois de chêne placées dans les pavés derrière les animaux, avec pente vers le réservoir *dd*, afin d'y faciliter l'écoulement. Les animaux sont attachés, ayant la tête vers le mur ou côté 1 et 2.

11. 12. Entrées et couloirs.

8. Loge pour les veaux.

9. Huche pour la nourriture des chevaux.

10. Lit des charretiers.

Lorsqu'on a enlevé les litières pour les porter dans la fosse à fumier, on a soin, avant de les renouveler, de bien laver les pavés et de faire écouler dans la rigole les eaux de lavage, ce qui contribue puissamment à la propreté et à la salubrité des étables. C'est une pratique de la plus haute importance.

« On ne saurait aussi, avec trop de soin, dit le baron de Morogues, rehausser le sol des écuries et des étables, quand, après des curages successifs, il se trouve assez creusé pour que les liquides y séjournent. Je pourrais citer un grand nombre de faits à l'appui de ce que je prescris. Dans plusieurs étables où les urines séjournaient, je n'ai pu arrêter la mortalité des bestiaux qu'en faisant rehausser le sol avec du sable ou des cailloux, et en lui donnant une pente suffisante pour conduire toutes les eaux hors des étables, où, en outre, la pureté de l'air doit être soigneusement entretenue. »

Le meilleur fumier, celui qu'on peut appeler FUMIER NORMAL, est un fumier de bêtes à cornes, saines et en bon état, nourries abondamment à l'étable, avec des aliments de bonne qualité, en partie secs et en partie verts, et recevant une quantité de litière suffisante pour absorber toutes les déjections. Ce fumier, au moment où on le répand sur les terres auxquelles il doit rendre la fécondité, a éprouvé, non pas une fermentation prolongée, qui a volatilisé une grande partie des principes qu'i contenait, mais plutôt une macération qui lui a donné un aspect gras, qui en a amolli et aplati toutes les pailles, et a rendu toutes les part'es homogènes. Dans cet état moyen d'humidité, le fumier, quand c'est la paille qui a servi de litière, doit peser de 730 à 760 kilogr. le mètre cube (25 à 30 kilog. le pied cube), sous la pression qu'il éprouverait dans une charrette où on le chargerait pour le transporter aux champs. Ce fumier contient, terme moyen, 75 pour 100 d'humidité.

Il existe, au reste, peu d'expériences sur le poids comparatif des fumiers à différents états. Dans des essais faits en 1830 par de Voght, pour s'assurer de l'action des engrais sur la production, ce savant agronome a trouvé que divers fumiers, ainsi qu'un compost fait avec deux parties de fumier frais de bœuf, et un tiers de terre grasse, de gazon et d'herbes parasites, présentaient, par 34 millimètres cubes (pied cube), les poids suivants :

Fumier gras de bœuf.	26 kilogr.
frais de bœuf.	21 1/2
gras de cheval.	17 1/4
de cheval, après huit jours de fermentation.	13, 62
frais de cheval.	14, 1/2
Compost composé ainsi qu'il a été dit ci-dessus.	30, 0

Une question importante se présente ici.

Dans quel état doit-on employer les fumiers? Convient-il de les laisser fermenter, ou doit-on les enfouir dans le sol à mesure qu'ils sont produits?

Pour traiter convenablement cette question, il est nécessaire d'entrer dans quelques développements. Disons d'abord, pour éviter des périphrases, qu'on désigne communément sous les noms de FUMIERS LONGS, FRAIS OU PAILLEUX, les fumiers qu'on sort des étables et qu'on emploie aussitôt, sans les laisser fermenter; et sous les noms de FUMIERS COURTS ou GRAS, ceux qu'on a entassés et conservés jusqu'à ce qu'ils aient éprouvé une décomposition profonde qui les a convertis en une espèce de terreau, ou de pâte désignée, dans plusieurs contrées, sous le nom fort impropre de BEURRE NOIR. Les fumiers atteignent cet état dans un espace de temps plus ou moins long, suivant la saison, la température et le plus ou moins d'humidité qu'ils contiennent; en été, 8 ou 10 semaines suffisent; en hiver, il en faut 20 et au-delà.

Sous ces deux états, les fumiers ont, comme on le pense bien, des propriétés très-différentes:

et les praticiens l'ont reconnu de tous temps, car ils n'utilisent pas ces deux sortes de fumier dans les mêmes circonstances. Les premiers, les FUMIERS LONGS, qui occupent beaucoup de volume, ont une action bien plus longue et durable sur la végétation que les seconds; aussi, les applique-t-on plus particulièrement aux végétaux qui restent long-temps en terre, et aux sols forts, compactes et argileux, dont ils ameublissent les particules en raison de leur contexture fibreuse. — LES FUMIERS COURTS, au contraire, qui sont lourds et compactes, ont une action instantanée sur les plantes, mais cette action est de peu de durée; aussi, les applique-t-on spécialement aux végétaux qui n'ont qu'une existence de trois à quatre mois, et aux terres légères.

Si l'on met de côté les effets particuliers que ces deux sortes de fumier produisent, et si on ne les considère que sous le rapport de leur richesse en principes nutritifs et propres à la végétation, il est certain que, par leur emploi, on perd une grande partie des principes que la même quantité de fumier bien préparé eût pu fournir aux plantes. En effet, les FUMIERS

LONGS sont employés dans un état où ils arrivent difficilement au degré de dissolution nécessaire à la nutrition des plantes ; et les FUMIERS COURTS sont dans un état si avancé de décomposition, qu'ils ont perdu une grande partie de leurs principes fertilisants qui se sont dégagés dans l'air sous forme de vapeurs et de gaz composés. Pour mieux faire sentir la vérité de nos assertions, nous allons rechercher quelle est la nature ou composition chimique du fumier au sortir des écuries, et déterminer les phénomènes qu'il éprouve par la fermentation.

Ce fumier est évidemment un mélange grossier de paille ou autres débris végétaux qui ont servi de litière, d'excréments solides et d'urines ; par conséquent, nous devons retrouver dans ce mélange tous les composés chimiques propres à chacun de ces éléments, c'est-à-dire :

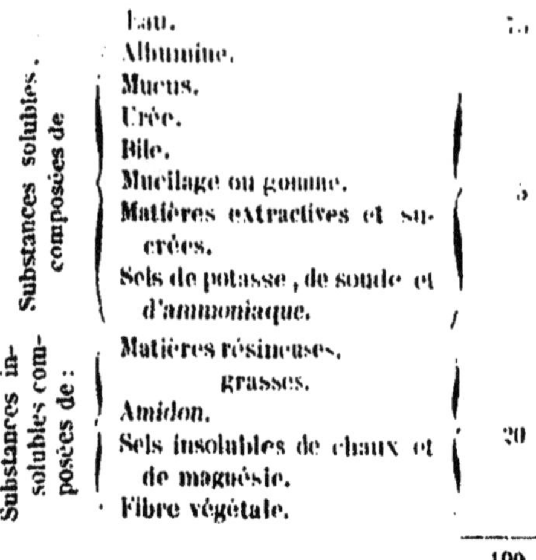

	Eau.	75
Substances solubles, composées de	Albumine. Mucus. Urée. Bile. Mucilage ou gomme. Matières extractives et sucrées. Sels de potasse, de soude et d'*ammoniaque*.	5
Substances insolubles composées de :	Matières résineuses, grasses. *Amidon*. Sels insolubles de chaux et de magnésie. Fibre végétale.	20
		100

Les nombres que je donne ici ne sont que des approximations, mais ils doivent être bien rapprochés de la vérité.

M. Boussingault *représente ainsi la composition* d'un fumier de ferme, âgé de six mois, qu'il appelle FUMIER NORMAL :

Eau.		79,30
Substances organiques.	14,03	20,70
Sels et terres.	6,67	
		100,00

Il y a donc, dans le fumier, au moment où il est produit, le cinquième de son poids qui consiste en matières insolubles dans l'eau, surtout en fibre ligneuse, qui ne peuvent évidemment servir à la nutrition des plantes qu'autant qu'elles pourront se convertir en nouveaux composés solubles, en acide carbonique et en sels ammoniacaux. Or, pour changer ainsi de nature, ces matières insolubles exigent une fermentation qui ne s'opère bien que sur une grande masse. Lors donc qu'on enfouit le fumier immédiatement après sa sortie des étables, cette fermentation nécessaire ne peut plus avoir lieu que très-imparfaitement dans le sol; aussi, la plus grande partie du fumier reste-t-elle dans la terre sans agir, et ce n'est qu'après un temps fort long que la fibre ligneuse finit par se détruire et se changer en matière nutritive.

Mais si un commencement de fermentation est utile aux fumiers pour que la fibre végétale qui, après l'eau, en constitue la plus grande partie, perde sa cohésion, et se trouve prédisposée à se décomposer et à se dissoudre plus promptement, quand elle sera répandue dans ou sur le sol, une putréfaction avancée, comme celle que subissent les fumiers amoncelés dans les cours de nos fermes, est, d'un autre côté, fort préjudiciable. En effet, dans ce cas, la masse s'échauffe considérablement, les réactions chimiques deviennent nombreuses, les principes se décomposent complètement, et donnent lieu à des gaz abondans et à un liquide coloré. Les fumiers éprouvent ainsi des pertes qui s'élèvent à 25 pour 100 du volume primitif, de sorte que 100 voitures de fumier frais sont réduites à 75 voitures de fumier consommé. Les gaz qui se dégagent consistent surtout en acide carbonique, en hydrogène carboné et en ammoniaque, dont l'effet utile sur la végétation est ainsi perdu. Sir H. Davy a fait une expérience bien curieuse et très-convaincante à cet égard. Après avoir rempli une cornue de fumier, il appliqua le bec du vase sous les racines d'un gazon qui faisait partie de la bordure d'un jardin. En moins d'une semaine, l'effet était devenu sensible; l'herbe contrastait fortement avec celle qui ne recevait aucune des émanations de la cornue, et végétait avec une force extraordinaire.

La dissipation des gaz n'est pas le seul désavantage que produise la fermentation poussée à l'extrême ; elle cause encore une perte de chaleur. Celle-ci, développée dans le sol, eût provoqué la germination des semences, et facilité l'expansion des plantes. Elle eût été utile surtout au blé, qu'elle eût maintenu dans une douce température pendant l'arrière-automne et l'hiver. En outre, c'est un axiôme en chimie que les principes se combinent bien plus facilement lorsqu'ils se dégagent, ou, comme on dit, à l'état de gaz naissants, que lorsqu'ils sont tout-à-fait libres. Dans la fermentation que les substances enfouies éprouvent, à mesure que les composés gazeux se forment, ils se trouvent en contact avec les organes des plantes. Ils sont encore chauds au moment où ils s'introduisent dans les pores absorbants, et sont, nécessairement, bien plus efficaces que si l'engrais eût été putréfié avant qu'on en fît usage.

Les ouvrages des agronomes instruits sont pleins de faits qui s'accordent avec cette manière de voir. Le célèbre Thaër mettait la plus grande attention à ne pas laisser accumuler le tas de fumier, et à le charrier sur les champs le plus souvent que la culture le permettait.

Schmalz, dans ses OBSERVATIONS DANS LE DOMAINE DE L'ÉCONOMIE RURALE, expose son opinion d'une manière très-explicite, relativement à l'état du fumier qu'on doit enfouir en terre. « Le fumier très-consommé, comparé à celui qui ne fait que d'entrer en décomposition, perd une très-grande proportion de son volume. Il est difficile de l'étendre beaucoup, parce qu'il faut beaucoup de peine et de soin pour le diviser, et qu'il n'y a pas de moyen d'en assurer l'égale répartition. J'ai toujours été frappé en reconnaissant que les effets les plus sensibles appartenaient aux fumiers les moins consommés. Lorsque, par exemple, il avait été donné à un champ huit charriots de fumier très-gras, court et entièrement pourri, et à un autre, de même mesure, seulement six charriots, du même poids, de fumier plus frais et encore presque entier, non-seulement les produits du second étaient très-souvent plus beaux, mais l'effet de l'engrais était plus durable, bien que des six charriots de fumier frais on n'eût guère pu en retenir que cinq en le laissant consommer davantage. Cette observation, je ne l'ai pas faite seulement sur un seul sol particulier, mais sur toutes les espèces de terrains. Cependant elle était généralement plus évidente, en faveur du fumier peu consommé, sur les terrains consistants que sur les terrains très-meubles et légers.

» Déjà, depuis nombre d'années, continue Schmalz, je répands mes fumiers à un état peu avancé de pourriture, et j'obtiens constamment des récoltes remarquablement abondantes. L'effet des fumiers ainsi appliqué était surtout plus marqué sur les produits qui ne suivaient pas immédiatement la fumure. »

Cette dernière observation est d'accord avec les expériences directes de Hassenfratz. Ce chimiste fuma deux terres semblables, l'une avec du fumier long dont la paille n'avait encore subi qu'un commencement de décomposition, l'autre avec du fumier bien pourri et réduit à un état propre à être coupé en mottes. Ces deux terres ayant été cultivées et semées de la même manière, la seconde produisit, la première année, des plantes plus grosses, plus fortes et plus vigoureuses que la première; mais, la seconde année, où l'on ne mit pas de nouvel engrais dans l'une ni dans l'autre terre, la première produisit des plantes plus grosses et plus fortes que la seconde; la troisième année, la première terre eut encore un peu d'avantage sur la seconde.

Il résulte de là que lorsque le fumier est appliqué frais, les plantes trouvent, dans ses parties molles et aqueuses, une nourriture toute prête et suffisante pour le moment, pendant que les partie plus résistantes, se décomposant plus lentement, préparent aussi de la nourriture pour la période suivante de la végétation des mêmes plantes, et de la nourriture encore pour les plantes qui pourront succéder aux premières. Lors donc qu'on veut influer sur une suite de récoltes, il faut employer, non le fumier consommé, dont l'action est éphémère, mais le fumier long et frais, qui a, en outre, cet autre avantage de réchauffer le sol, de le désacidifier, de réveiller et de remettre en action la force des résidus des engrais précédents qui ont résisté à la décomposition.

« Une expérience de plus de sept années, dit Pictet, m'a convaincu de cette vérité, qu'on gagne beaucoup à employer les fumiers aussitôt leur sortie des étables. »

Les principaux cultivateurs anglais et écossais, consultés sur ce sujet, dans les douze dernières années, par M. de Knobelsdorf, ont été unanimes. « Il est décidé, par la théorie comme par la pratique, ont-ils tous dit, que le fumier, appliqué avant toute fermentation, à mesure qu'il se forme par le mélange des excréments avec la litière, engraisse le mieux le sol destiné à toutes les céréales et aux plantes à cosses. Son application immédiate prévient la perte de plus d'un cinquième de sa masse. » Aussi, tous ces cultivateurs conduisent, pendant l'hiver, à mesure qu'il se produit, leur fumier frais sur leurs soles de féves, de pois, de vesces, de trèfle à rompre et de fourragères; ils tiennent cette pratique pour si profitable, qu'ils ne doutent pas qu'elle ne devienne bientôt générale. « Depuis dix ans, dit M. de Knobelsdorf, je fais l'application de ces principes dans l'exploitation que je dirige. A l'exception du fumier de mouton, tous les autres sont, sans interruption, conduits à leur destination et répandus, même quand la terre est couverte de neige, à mesure qu'ils sortent des étables C'est à cette pratique surtout que je dois attribuer le bon état d'engrais, toujours en progrès, où je vois mes terres, depuis que j'y ai eu recours. »

Le fumier frais peut et doit donc, d'après toutes ces autorités, être conduit des étables aux champs; mais il faut qu'il soit enterré par plusieurs labours, si l'on veut qu'il produise tout son effet. Seulement, il est bon de laisser entre les deux premiers labours un intervalle de temps assez long pour que ce fumier ait subi dans le sol un certain degré de décomposition, qui assure son incorporation au sol par le troisième labour.

M. Kœrte, professeur à l'Académie royale d'Agriculture à Mœglin (Prusse), a fait, il y a quelques années, une série d'expériences pour déterminer, sous le rapport économique, s'il est plus avantageux de faire usage de fumier frais ou de fumier consommé, lorsqu'on a égard au rapport quantitatif qui existe entre ces deux sortes de fumiers. Je vais faire connaître les principaux résultats de ses expériences.

1. Le fumier abandonné aux influences at-

mosphériques, en tas ou en couches, perd continuellement de ses principes, et son volume va sans cesse en diminuant. Ainsi, M. Kœrte a vu que :

100 volumes de fumier frais se réduisent, au bout de

81 jours	à 73,3	du volume primitif, d'où une perte de	26,7
254	à 64,3		35,7
384	à 62,5		37,5
393	à 47,2		52,8

2. La perte que le fumier éprouve est beaucoup plus considérable, dans un temps donné, au commencement de sa fermentation ou décomposition, que dans les périodes ultérieures de cette transformation. C'est ce que Gazzeri avait déjà constaté (1).

3. Le fumier perd moins lorsqu'il est répandu en couches comprimées et égales sur le sol, que lorsqu'il est en petit tas ; aussi, il y a toujours avantage, lorsqu'on ne peut pas en-

(1) Les expériences de Gazzeri, qui ont été faites au poids, ont donné les résultats suivants :

fouir immédiatement le fumier dans le sol au moyen de la charrue, à l'épandre en couches égales, et à passer dessus le rouleau pour le comprimer régulièrement sur le sol.

4. Quoiqu'il soit très-difficile de donner, pour tous les cas, un chiffre exact de la perte en volume qu'éprouve un fumier par un long séjour en tas, il n'est pas trop hasardé de dire que, dans les conditions agricoles ordinaires, cette perte s'élève à 25 pour 100 du volume primitif,

Après les 59 premiers jours, il ne restait plus d'une partie en poids que 0,777, avec perte de 0,223

Au bout des 31 jours suivants, il ne restait plus du précédent que	0,873,	0,127
Au bout des 19 jours suivants, que	0,909,	0,091

Gazzeri avait déposé son fumier dans une caisse placée sous un appentis, et l'avait entouré de paille et recouvert d'une toile chargée de paille : son but avait été de se procurer une température égale, au moyen de laquelle la décomposition devait marcher plus rapidement que dans les expériences faites par M. Kœrte, dans lesquelles le fumier était exposé à l'air et aux variations de la température.

et, par conséquent, que 100 voitures de fumier frais se réduisent à 75 voitures de fumier consommé.

M. Kœrte conclut de toutes ses recherches, tant en petit qu'en grand, qu'il est plus avantageux de transporter aux champs et à l'état frais le fumier, et surtout celui de mouton, que d'attendre qu'il soit consommé ; et que c'est une règle qu'on doit toujours adopter, en prenant, toutefois, en considération, la nature et les qualités de certaines espèces de terrain.

Gazzeri ni M. Koerte n'ont pas fait l'analyse des gaz que perd le fumier pendant sa longue fermentation, et n'ont pu, par conséquent, démontrer pourquoi le fumier consommé est moins riche en principes fertilisants que le fumier frais. M. de Gasparin a complété la démonstration des deux précédents expérimentateurs. Il a fait analyser du fumier de couche épuisé, qui avait cessé d'émettre la chaleur qui annonce la continuation de la fermentation. Ce fumier ne contenait plus que 31,3 pour 100 d'eau ; il donnait jusqu'à 39,30 pour 100 de sels et de terre, et il avait perdu les deux tiers de son azote primitif

« Il y a donc, dit M. de Gasparin, une illusion complète de la part des cultivateurs qui, trompés par l'apparence d'homogénéité du fumier consommé, pensent qu'il a acquis une plus grande valeur ; la fermentation avancée, il a perdu plus de la moitié de sa masse, plus de la moitié de ses principes solubles, et les deux tiers de son azote. Ce qui reste consiste principalement en principes carbonisés » et en substances minérales, ajouterons-nous ; de sorte que, peu-à-peu, les propriétés du fumier finissent par ne plus dépendre que de la prédominance de ces substances minérales qui sont, à poids égaux, 4 à 6 fois plus abondantes que dans le fumier récent.

Il ressort bien évidemment de tous les faits pratiques empruntés par nous à dessein à des expérimentateurs de toutes les classes, que la préférence que la plupart des cultivateurs accordent chez nous au FUMIER COURT ET TRÈS-CONSOMMÉ sur le FUMIER LONG ET FRAIS, ou au moins sur le FUMIER NORMAL, est plutôt le résultat de l'habitude et de la routine que du raisonnement et de l'expérience.

Nous conclurons donc que, pour obtenir

des fumiers le plus d'effet utile comme engrais, il est très-important de ne pas les abandonner trop long-temps en tas à la putréfaction, suivant la méthode généralement usitée. Il faut que la fermentation légère, à laquelle il est convenable de les soumettre au sortir des étables, soit arrêtée dès que la paille commence à brunir et que son tissu a perdu de sa consistance. A cet effet, ou l'on démonte la couche pour en augmenter l'étendue et modérer la fermentation, ou on la transporte aux champs pour l'enfouir de suite, ou bien on la mélange avec du terreau, des plâtras, du gazon, des balayures, etc., suivant la méthode de Voght. — Les tas de fumier que l'on forme doivent d'ailleurs être disposés selon les méthodes de Dombasle et Schwertz, et il convient de les garantir du soleil ou de la pluie par un hangar, ou, plus économiquement, par un simple appentis de paille ou de bruyère.

Il faut que la chaleur ne s'élève pas dans le centre de la masse à plus de 28 degrés. Lorsque la température dépasse ce degré, la couche fume, des gaz se dégagent en pure perte, et comme c'est surtout de l'ammoniaque, il arrive qu'en approchant du fumier un tube trempé dans l'acide hydrochlorique, on voit se former autour du tube des fumées blanches très-épaisses. A tous ces signes, on reconnait que la décomposition est trop avancée, et il est important d'y mettre un terme en retournant la couche ou en l'exploitant immédiatement.

M. Schattenmann, directeur des usines de Bouxvillers, en Alsace, et qui fait valoir d'assez grandes propriétés, emploie les moyens suivants pour maîtriser et bien conduire la fermentation de ses fumiers, en même temps que pour empêcher la volatilisation et la perte des gaz ammoniacaux. Placé auprès d'une caserne d'artillerie, il a à sa disposition le fumier de 200 chevaux. Sa fosse à fumier a 400 mètres carrés de surface; elle est divisée en deux parties de 200 mètres. Cette fosse est un plan incliné qui s'élève en avant, et de droite et de gauche, de manière à ce que les eaux qui en découlent se réunissent au milieu, où se trouve un réservoir garni d'une pompe pour ramener à volonté sur le fumier les eaux qui en découlent. Il se procure l'eau nécessaire au moyen d'un puits garni d'une pompe, qui est à côté de la fosse à fumier. — Les deux parties de la fosse sont alternativement garnies de fumier sortant des écuries. Ce fumier est entassé à 3 ou 4 mètres de hauteur sur toute la surface du carré, foulé par le pied des hommes qui l'apportent et l'y répandent, et abondamment arrosé par les pompes. On obtient ainsi un tassement parfait et l'humidité suffisante, condition nécessaire pour combattre la fermentation violente propre au fumier de cheval, et destructive des parties les plus énergiques qui s'évaporent. M. Schattenmann ajoute aux eaux saturées et répand sur le fumier du sulfate de fer dissous, ou de l'acide sulfurique faible, ou du sulfate de chaux (plâtre) en poudre, afin de convertir en sulfate l'ammoniaque qui se développe et qui se volatilise facilement à une température un peu élevée. Il obtient par ces moyens, simples et peu dispendieux, en deux ou trois mois, un engrais parfaitement fait, aussi gras et aussi pâteux que le fumier de vaches et de bœufs, et d'une grande énergie, qui se manifeste par les productions remarquables qu'il obtient sur les champs et sur les prés pendant nombre d'années.

Le fumier de cheval, mis en tas, consomme une quantité d'eau considérable, ce qui s'explique facilement par la chaleur qu'il développe et qui donne lieu à une évaporation continuelle. « J'ai la conviction, dit M. Schattenmann, que généralement on ne se rend pas raison de l'importance de cette évaporation, et que le fumier de cheval ne reçoit, chez la plupart de nos cultivateurs, que la moindre partie de l'eau nécessaire. »

C'est une excellente pratique, déjà très-ancienne en Suisse, que de saturer l'ammoniaque des urines et des fumiers au moyen de l'acide sulfurique, du sulfate de fer ou du plâtre. On ne perd, par ce moyen, aucune trace du principe le plus actif des fumiers, puisque le sulfate d'ammoniaque formé n'est pas volatil; et les fumiers ainsi traités ont une action bien supérieure, ainsi que cela est constaté depuis fort long-temps en Suisse, et plus récemment par M Schattenmann. Tous les cultivateurs qui ont adopté cette mode, en Alsace, s'en trouvent fort bien, et il est à désirer qu'elle se répande partout.

Schwerz nous fait connaître un moyen d'empêcher la fermentation du fumier qu'on ne veut pas répandre immédiatement sur les champs, d'en amollir la paille et de conserver toute leur force aux excréments qu'il contient. Il a vu ce procédé en pratique chez un bon cultivateur du pays de Munster. Le fumier, au sortir de l'étable, est disposé en un tas de 64 centimètres de hauteur au plus, sur un endroit sec, où on l'étend et le mêle soigneusement. On fait passer dessus tous les bestiaux, à l'exception des porcs, pour le bien tasser; puis on le couvre de gazons retournés. Le fumier conserve ainsi, pendant six mois, sa couleur dorée, et produit sur les champs son action la plus complète. Pour une petite exploitation, cette pratique, difficile dans une grande, à cause de l'espace nécessaire, est le meilleur traitement à choisir pour le fumier.

Lorsque les fumiers ont très-peu de consistance, tels que ceux des bêtes à cornes, pendant le printemps et l'automne, il faut les employer de suite; mais s'il est impossible de les porter aux champs dans le moment pour les enterrer, il faut les mêler avec des terres ou autres matériaux secs et poreux, qui conviennent, comme amendements, aux sols auxquels on les destine.

Quelques agronomes, pour prévenir la fermentation, et par suite la déperdition de l'azote, ont recours à la dessiccation complète des fumiers au soleil; ceux-ci se réduisent ainsi au tiers ou au quart de leur poids, et quand la distance à parcourir pour les porter sur les terres est assez grande, il peut y avoir avantage à opérer cette dessiccation; mais il faut avouer que cette opération n'est pas toujours facile et praticable.

Lorsque le fumier est transporté sur les champs, il ne faut pas le laisser en petits tas, tel qu'on le fait en déchargeant les charriots. C'est là, suivant Thaër, dont nous partageons l'opinion, un usage très-vicieux et très-nuisible. En effet, le fumier ainsi conservé, se décompose avec une grande perte, parce que le vent entraîne les substances volatiles qui se dégagent de ces petits monceaux : d'ailleurs, la décomposition marche d'une manière fort inégale; au centre des tas elle est très-forte, et sur les bords presque nulle. Tout le purin s'écoule dans le sol au-dessous des tas, tandis que la partie de ce fumier qui est moins riche ou moins décomposée, demeure sur place. De cette manière, lors même qu'on donne ensuite les plus grands soins à bien épandre la partie qui reste sur le sol, souvent, durant plusieurs années, les places où les petits tas ont été déposés demeurent trop engraissées, de sorte que les plantes y versent, quoique tout ce qui les environne ait la plus chétive apparence. Il faut donc avoir pour règle invariable, d'après l'illustre agronome de Merglin, d'épandre le fumier bientôt après qu'il a été ainsi déposé en petits tas. On ne doit pas renvoyer cette opération au-delà d'un jour. Par le même motif, il convient de l'enterrer le plus tôt possible, après l'avoir étendu sur le sol. Mais, comme il est difficile d'enterrer le fumier tout frais par un seul labour, il est très-commode et avantageux de suivre la méthode belge, qui consiste à prendre le fumier avec la fourche aux petits tas déposés par les charriots, et à le placer au fond des sillons à mesure que la charrue les ouvre ; de cette manière, l'enfouissement est complet avec un seul labour.

La recommandation, que nous venons de faire, d'enterrer immédiatement le fumier conduit aux champs, fait pressentir que nous n'approuvons pas l'usage de FUMER EN COUVERTURE, suivi par quelques praticiens. Quoiqu'on en ait dit des avantages de cette méthode, ils ne peuvent compenser la perte énorme qu'on éprouve en principes utiles, surtout dans les climats très-pluvieux, comme celui de la Normandie.

Lorsque le fumier est conduit dans les champs à une époque où les autres travaux ne permettent pas de l'enfouir incontinent, on est bien forcé d'en faire des dépôts. Dans ce cas, pour éviter la perte du purin, qui est un des graves inconvénients de cette manière d'opérer, il faut creuser, à un ou deux fers de bêche, l'emplacement où on établit ces dépôts, et l'entourer en outre d'un rebord assez élevé de terre, que l'on adosse contre le fumier. Il sera également avantageux de répandre sur le fond de l'emplacement une couche de plusieurs décimètres de terre prise à la surface du champ. Cette terre, de même que celle du rebord qui règne autour de l'emplacement, absorbera les sucs du fumier, qui sans cela s'écouleraient en pure perte, et elle deviendra elle-même un excellent engrais.

Ces soins ne sont pas trop minutieux, quand on réfléchit à la valeur du purin. On est toujours amplement dédommagé des peines qu'on prend pour empêcher le fumier de se détériorer ou augmenter la masse des engrais. Il faut toujours se rappeler que L'ENGRAIS EST DE L'ARGENT MONNAYÉ.

Sir John Sinclair a élevé, un des premiers, une objection assez grave contre l'emploi du fumier frais sur les terres destinées aux céréales. Les graines des mauvaises herbes et les œufs d'insectes qu'il contient, et que la putréfaction seule peut détruire, salissent singulièrement la terre et portent un grand préjudice aux récoltes. Cette objection n'a plus de valeur lorsqu'on fume un sol qui recevra une plante sarclée, et c'est toujours sur cette sole qu'on devrait porter les fumiers.

Une autre objection naît de la lenteur avec laquelle opère le fumier frais, qui n'a plus, dès-lors, aucune efficacité sur les cultures de peu de durée, tandis que le fumier qui a séjourné pendant quelques mois dans les fosses conserve une grande partie de la chaleur nécessaire pour activer les cultures. Cette objection perd nécessairement toute sa force dans les climats chauds et humides où la décomposition des fumiers, aidée par la chaleur du climat, s'accomplit toujours assez rapidement. Mais, dans les climats froids, où la température qui développe et entretient la végétation est souvent de courte durée, l'inconvénient du fumier frais et froid se fait réellement sentir. On y remédie en suivant le précepte que nous avons précédemment posé ; à savoir, de garder les fumiers longs en tas, assez de temps pour qu'ils éprouvent un commencement de fermentation qui en ramollisse la paille et la prédispose à se convertir plus promptement dans le sol en principes solubles et gazeux, les seuls utiles à la nutrition des plantes. Cette MACÉRATION des fumiers longs, bien différente de la putréfaction qu'on leur laisse généralement subir, n'exige que fort peu de temps de conservation en tas, augmente singulièrement leur valeur comme engrais, et leur communique cette rapidité d'action si nécessaire dans nombre de cas. Ce serait spécialement, au reste, pour les cultures de peu de durée qu'il conviendrait de mettre à part le fumier des auberges et des écuries, toujours plus riche et plus chaud, ainsi que la colombine et la poulaitte, l'urine et le purin, répandus à l'état liquide, ainsi qu'on le pratique par toute la Suisse.

§ V. Des Fumiers de ville et des Composts.

On distingue, sous le nom de FUMIERS DE VILLE, les boues et les détritus de toutes sortes recueillis dans les villes, et que le cultivateur emploie, après les avoir soumis à une préparation particulière. En général, celle-ci se borne à attendre que les boues aient subi une certaine fermentation, et que l'hydrogène sulfuré qu'elles renferment soit entièrement dégagé. Le plus grand nombre des cultivateurs s'en servent après les avoir laissées long-temps reposer; ce n'est que par exception que plusieurs hâtent la décomposition de cette espèce de fumier, en y mêlant de la chaux, et en brassant la masse à plusieurs reprises.

Le fumier de ville constitue un engrais chaud, qui fermente avec une énergie très-vive, qui, quelquefois, fait périr la radicule des céréales au moment où le grain commence à lever ; il faut donc avoir le soin de n'enfouir ce fumier que lorsqu'il est arrivé au degré de fermentation convenable à la plante qu'il est destiné à nourrir.

En Angleterre, on associe toujours des cendres de houille aux issues des villes, et il en résulte ce qu'on appelle **FUMIER DE POLICE** (POLICE-MANURE). Ces cendres introduisent dans le mélange du sulfate et du carbonate de chaux. Le soufre, qui y est toujours assez abondant, le rend d'un meilleur usage pour la culture des turneps que pour toute autre production.

Ce n'est qu'aux environs des grands centres de population qu'il peut y avoir avantage pour le cultivateur à faire usage du fumier de ville. Quelque peine qu'il en coûte pour le réunir, de quelques frais que son transport soit accompagné, ce fumier revient encore à meilleur marché que le fumier d'étable, lorsqu'il faut l'acheter. Celui qui vend sa paille et son fourrage, en ne gardant que ce qu'il lui en faut pour l'entretien de ses attelages, et qui emploie une partie du produit à acheter le fumier de la ville dont il est proche, fait toujours une très-bonne affaire.

Et cela est facile à concevoir, car cette sorte de fumier, mélange de débris animaux, végétaux et minéraux, est, ainsi que nous venons de le dire, extrêmement énergique et favorable à la végétation. Son effet dure pendant trois ou quatre ans, et l'on estime, généralement, qu'une voiture de cet engrais peut équivaloir à quatre voitures de fumier de bêtes à cornes. Il opère mieux, toutefois, sur les terres argileuses fortes, sur les terres à blé, que sur les autres natures de sol.

On augmente encore ses effets en le préparant convenablement et de la manière suivante. On le stratifie avec du fumier des bêtes à l'engrais et du sable de mer ou de route, de manière que ce dernier entre pour un tiers dans la masse de chaque tas. Le fumier, ainsi disposé, et mélangé par couches alternatives, est arrosé tous les jours avec des urines chargées de matières fécales. Au moyen de ce stimulant énergique, le fumier fume dès le huitième jour, et peut être employé sans inconvénient dès cette époque ; il est entièrement fait au bout d'un mois ; il ne faut pas attendre au-delà pour le conduire sur les terres. Au bout d'un an, il a perdu la moitié de sa valeur.

Arthur Young nous fait connaître qu'un cultivateur, n'ayant pas assez de fumier pour toute sa jachère, n'en sema pas moins de froment la partie non fumée. Au printemps, cette partie était fort maigre et chétive, et ne donnait que peu d'espérance ; il la fuma en couverture avec des boues achetées à la ville voisine. L'effet fut extraordinaire, et le froment de cette partie surpassa de beaucoup celui des parties qui avaient reçu du fumier d'étable avant la semaille.

C'est aux mélanges de plusieurs espèces d'engrais, avec ou sans l'addition de matières minérales, et plus ou moins analogues au FUMIER DE VILLE, qu'on donne, en agronomie, le nom de COMPOSTS. On les forme en établissant l'une sur l'autre des couches de diverses natures d'engrais, et en observant de corriger les vices de l'un par les qualités de l'autre, de manière à donner au mélange les propriétés convenables au terrain qu'on veut engraisser.

S'agit-il, par exemple, de former un compost pour une terre argileuse et compacte? on fait une première couche de plâtre, de gravois ou de mortier de démolition ; on la recouvre de fumier de litière de mouton ou de cheval ; on compose la troisième avec les balayures des cours, des chemins et des granges, la marne maigre, sèche et calcaire, le limon vaseux des rivières, des fossés et des mares, les matières fécales qu'on a ramassé dans la ferme, les débris de foin ou de paille, les mauvaises herbes provenant des sarclages, etc., et cette couche est, à son tour, recouverte d'une couche du même fumier que la première. La fermentation s'établit d'abord dans les couches de fumier; le jus qui en découle se mêle avec les matières qui composent les autres couches ; on arrose le tas avec le purin qui découle par le bas, et lorsqu'on reconnait que la décomposition est suffisamment avancée, on démonte les couches et on les porte sur le champ à fumer, après en avoir mêlé toutes les substances qui les composent.

Destine-t-on un compost à fumer une terre légère, poreuse ou calcaire? il convient de le former de matériaux tout différents. Ici, il faut faire prévaloir les principes argileux, les substances compactes, les fumiers froids, et pousser la fermentation jusqu'à ce que les matières organiques soient plus complètement décomposées. Les terres glaises à demi-cuites et broyées, les marnes grasses et argileuses, le limon des mares, les fumiers des bêtes à cornes, doivent servir à former les couches.

Lorsqu'on peut disposer d'une grande quantité d'engrais liquides, urines, purin, eaux grasses et de savon, eaux de féculeries, liquide des abattoirs, eau des mares où l'on a lavé les moutons, et qu'il n'est *pas facile ou économique* de les employer en arrosements, on s'en sert avec avantage pour former des composts. Des stratifications de terre, alternant avec des déblais, des balayures, des détritus de toutes espèces de matières végétales et animales susceptibles de putréfaction, servent à former des tas, qu'on arrose de temps en temps avec les engrais liquides. On a soin, dans ce but, de tenir la surface des tas un peu concave, afin que rien de ce que l'on y verse ne puisse se perdre. On remue deux fois par an les tas entiers, afin que toutes les parties se pénètrent et s'amalgament. Ces tas de composts doivent être placés dans un lieu ombragé, pour éviter leur dessèchement, et il est bon d'en avoir au moins deux ; un que l'on commence et qui sert à recevoir les immondices récents, un autre achevé et qui ne reçoit plus que de l'engrais liquide.

On conçoit, au reste, que toutes les matières organiques qu'on laisse perdre habituellement, les tourbes, les feuilles d'arbres, les mauvaises herbes, les débris de pailles, les petites ételles, les tiges de colza, les vieilles bottes de navettes et de céréales, la poussière des greniers à foin et à grains, le marc des pommes à cidre, etc. ; que tous les liquides chargés ou de matières salines ou de matières organiques ; que toutes les terres, les sables de route, les cendres du foyer, les cendres de houille, les charrées qui ont servi au lessivage du linge ; que tous les débris animaux, tels que les cadavres des bêtes mortes, les chiffons de laine, les débris de cuir, les résidus de fabriques de colle et de boyauderies, qu'on peut se procurer si facilement dans les villes, etc., peuvent concourir à la confection des composts. Tout doit être utilisé dans les fermes bien administrées, car tout peut servir à l'engraissement des terres et suppléer à la disette des fumiers.

Un excellent compost est celui qu'on prépare, dans certaines localités, avec les matières fécales, les gazons, de la bonne terre, de la marne, et mieux du plâtre. Dans ce but, on a, dans les exploitations un peu considérables, des fosses particulières dans lesquelles on dépose successivement les différentes matières, pour les retourner et les entasser lorsque leur mélange doit être bientôt appliqué. Dans les exploitations peu considérables et où la production des engrais est nécessairement assez bornée, on a soin de jeter, toutes les semaines, dans la fosse d'aisance, des balayures, des débris de grange, des sciures de bois, des débris de tourbe, etc., dans la proportion de la masse des excréments. Lors de la vidange, on mêle bien toutes les matières, on les dispose en tas, et on les couvre avec de la terre. Ces sortes de composts sont, d'après Arthur Young, le meilleur de tous les engrais pour les prés.

Dans nos pays à cidre, on ne tire en général que peu de parti du marc des fruits pilés. En l'additionnant de chaux, de manière à en former une masse sèche, d'apparence tourbeuse, on produit un compost excellent, exempt de semences de mauvaises herbes et qui est applicable à toutes les cultures.

La chaux convient très-bien pour aider à la désagrégation des parties ligneuses, des herbes sèches, des feuilles, et activer la maturité des composts dans lesquels il entre beaucoup de ces matières organiques qui résistent à la putréfaction. Mais il faut avoir l'attention de ne jamais ajouter de la chaux aux matières fécales, aux urines, au purin, aux fumiers animaux, car cette matière alcaline, en chassant l'ammoniaque de ces substances, causerait une perte considérable des principes utiles et réduirait beaucoup la valeur de ces engrais.

Les composts sont spécialement faits pour les prairies, et, comme le dit sir John Sinclair, ils donnent le moyen de faire disparaître la mauvaise et ignorante pratique de répandre des fumiers ordinaires sur les prairies, pratique dont l'effet le plus assuré est de livrer cette précieuse substance en pâture aux insectes, à la chaleur et au vent. Par les composts, on donne non-seulement aux prairies l'engrais qui leur convient, mais on leur apporte un véritable amendement, qui modifie et améliore peu-à-peu le sol naturel, et le rend plus propre à produire d'excellentes herbes. Pour les prairies humides, cette propriété des composts est particulièrement importante, parce qu'elle tend à changer la nature des espèces d'herbes qui y croissent. Un moyen presque infaillible d'en faire disparaître les joncs, les carex, les mousses, les iris, les colchiques et autres mauvaises herbes, c'est d'introduire dans les composts une proportion assez notable de cendres vitrioliques de Forges et de Picardie.

Malheureusement, la fabrication des composts est dispendieuse, en raison des travaux manuels et des charriages qu'ils exigent, surtout lorsqu'on agit sur des masses considérables, et, dans bien des cas, ils reviennent à un prix plus élevé que le fumier ordinaire. Il y a une vingtaine d'années, l'engoûment pour les composts, préconisés surtout par les Anglais, était devenu tel qu'on avait fini par les considérer comme la meilleure forme sous laquelle on pût administrer les engrais. Mais le temps a fait justice de ce qu'il y avait d'exagération dans cette manière de voir, et l'on ne se sert plus aujourd'hui des composts que pour utiliser comme engrais une foule de matières qui seraient, sans cela, perdues ou resteraient sans valeur.

C'est ici le lieu de dire quelques mots de l'Engrais Jauffret, dont tous les journaux d'agriculture ont parlé depuis quelques années, et qui a été considéré, par plusieurs agronomes, comme une découverte appelée à changer la face de notre économie rurale.

Cet engrais est un véritable compost, qui ne se distingue, de ceux employés jusqu'alors, que par un procédé à l'aide duquel on donne à la fermentation beaucoup d'activité. L'inventeur a été conduit, par un excellent esprit d'observation, à déterminer les conditions dans lesquelles on peut produire la putréfaction des matières végétales dans un espace de temps très-court. Lorsqu'on divise ces substances en fragments assez petits, mais de manière qu'il existe, cependant, entre eux, assez d'espace pour qu'il s'y loge une portion d'air, si l'on humecte suffisamment cette masse, il s'y développe, en très-peu de temps, par l'effet de la fermentation, une chaleur considérable, qui devient elle-même un agent très-actif de décomposition. Voilà en quoi réside le procédé Jauffret.

Le but principal du cultivateur provençal, qui a donné son nom à la nouvelle méthode, a été de convertir en fumier une foule de mauvaises plantes, plus ou moins ligneuses, qu'on néglige habituellement, et d'utiliser toutes les matières organiques qui restent sans emploi dans les fermes. Il a voulu ainsi créer, sans le secours des bestiaux, un engrais qui pût suppléer au manque des fumiers ordinaires.

Jauffret est mort dans la misère, victime de son dévoûment à l'art agricole. Mais il a trouvé dans un ami, homme de cœur et d'intelligence, un ardent propagateur de ses idées. M. Turrel, qui publie un journal spécial, le VÉRITABLE ASSUREUR DES RÉCOLTES, uniquement pour répandre et populariser le procédé de Jauffret, a singulièrement perfectionné et modifié la méthode de son maître. Nous nous bornerons à en donner une idée, ne pouvant la décrire en détail, puisque c'est la propriété du breveté.

On ramasse, partout où l'on peut s'en procurer, de l'herbe, de la paille, des genêts, des bruyères, des ajoncs, des roseaux, des fougères, de menues branches d'arbres, etc. On entasse toutes ces matières, écrasées et coupées, sur un plan battu et légèrement incliné, et on en forme une meule aussi forte que possible. Il faut que l'emplacement soit à proximité d'un réservoir d'eau, ou d'une mare dans laquelle on jette, pour en faire croupir l'eau, du crottin, des matières fécales, des égoûts des écuries ou autres matières aussi putréfiables. Il en résulte un excellent levain, auquel on ajoute encore des proportions suffisantes d'alcalis ou de sels alcalins, de suie, de sel, de plâtre, de salpêtre. On arrose abondamment la meule avec cette lessive, et on pratique plusieurs arrosages semblables, à quelques jours de distance La masse s'échauffe très-rapidement, elle fume, répand, dès le cinquième jour, une bonne odeur de litière, et sa fermentation est si active, surtout après le troisième arrosage, que la température, dans le centre, s'élève jusqu'à 75 degrés. Du douzième au quinzième jour, les matières végétales sont assez décomposées pour qu'on puisse déjà les enfouir en qualité de fumier. Cependant, lorsqu'elles sont très-ligneuses, elles résistent davantage à la désagrégation, et il est profitable de les laisser en meules pendant un mois entier.

Pendant tout ce travail, on veille à ne perdre aucune portion de liquide, et si la lessive manque on a recours à de l'eau croupie.

Avec dix hectolitres de lessive on peut convertir en engrais 500 kilog. de paille ou 1,000 kilog. de matières végétales ligneuses qui produisent environ 2,000 kilog. de fumier. En comptant le prix d'achat des matières et la main-d'œuvre, cette quantité d'engrais revient, dans notre localité, à 20 fr. au moins. Or, la voiture de fumier d'étable, du poids de 2,000 kilog., ne coûte que 10 à 15 fr. Mais, en modifiant les recettes indiquées par Jauffret, on pourra, dans nombre de cas, obtenir un prix de revient bien inférieur au précédent. Ainsi, par exemple, M. Lucy, membre de la Société d'Agriculture de Meaux, compose un fumier avec les quantités des substances suivantes, qui, d'après lui, suffisent pour un hectare.

500 bottes de tige de colza.	25 fr.
500 bottes de fougère.	13
Menues pailles, pailles avariées.	18
100 kilogrammes de plâtre.	18
4 hectolitres de matières fécales.	6
2 hectolitres de cendres.	12
2 hectolitres de poussier de charbon.	6
10 kilogrammes de sel et salpêtre brut.	6
Main d'œuvre.	16
Total.	108 fr.

J'ai de la peine à croire que cette quantité puisse suffire à la fumure d'un hectare (1).

Outre l'engrais proprement dit, dont je viens d'indiquer la fabrication générale, Jauffret, ou plutôt M. Turrel, a encore indiqué la confection d'un ENGRAIS-TERRE, qu'on obtient très-facilement en imprégnant de la terre avec une lessive chargée de sels et de matières organiques. Cette opération offre l'avantage, sur les terreaux connus, d'être terminée de suite, en quelques heures, au lieu d'une année, ce qui est une économie prodigieuse de temps. On choisit la terre d'après la nature du sol qu'on

(1) *Journal de Chimie médicale*, 1843, p. 137.

veut engraisser ; si c'est un sol argileux, on emploie de la terre sablonneuse pour l'imprégner de lessive, et VICE VERSA. On amende ainsi tout en *fumant*. La composition de la lessive varie également avec la nature des récoltes qu'on veut obtenir. M. Turrel livre l'ENGRAIS-TERRE ou l'ENGRAIS-SEL au prix de 55 fr. la barrique de 500 kilog.

Nous sommes portés à croire, tant par nos expériences que par celles de plusieurs expérimentateurs, que le prix de revient de l'ENGRAIS-JAUFFRET est, dans beaucoup de localités, plus élevé que celui du fumier ordinaire. Il n'y aura donc, chez nous, presque jamais d'économie à substituer le premier au second, lorsqu'on aura ce dernier en suffisante quantité; d'autant plus que l'ENGRAIS JAUFFRET paraît inférieur dans son action au bon fumier normal, d'après les expériences comparatives faites en 1838 par la Société royale d'Agriculture de Seine-et-Oise (1). Mais, dans la plupart

(1) Voir le rapport des essais de cette Société, dans le Recueil des Travaux pour 1838, p. 32 et 94.

des exploitations, on n'a jamais assez de fumier de litière, et comme presque toujours on peut se procurer une foule de mauvaises plantes et de détritus de peu de valeur, il y aura quelqu'avantage à faire usage de la méthode Jauffret pour convertir plus rapidement toutes ces matières en excellent compost, surtout lorsque les plantes dont on pourra disposer seront des plantes ligneuses (genêts, ajoncs, bruyères, etc.), dont l'emploi serait fort incommode dans leur état naturel, et dont la décomposition dans le sol serait trop lente.

Certainement, dans tous les pays où on ne peut se procurer que fort difficilement et à des prix élevés les fumiers de litière, à cause du peu de bétail qu'on élève, l'Engrais-Jauffret pourra rendre de bons services aux cultivateurs. Il en sera de même au début d'une exploitation où l'on manque toujours de fumiers. Malheureusement, dans nombre de localités, le procédé Jauffret sera difficilement applicable en grand, à cause de l'énorme quantité d'eau qu'il exige.

La méthode Jauffret pour fabriquer les engrais est-elle une invention nouvelle? Avant lui, ignorait-on l'emploi des liquides chargés de matières organiques et salines pour activer la transformation des substances végétales en fumier? Non, assurément; et dans tous les ouvrages d'agriculture on peut trouver exposés les principes qui ont guidé Jauffret. Il y a bien long-temps qu'aux environs de Paris, on fait de l'ENGRAIS-JAUFFRET avec les immondices des marchés. Mais Jauffret a le mérite, et ce mérite est grand à nos yeux, d'avoir attiré tout particulièrement l'attention des praticiens sur les moyens les plus faciles et les plus prompts d'utiliser une foule de matières souvent perdues, et sur l'importance des engrais en général; d'avoir montré aux cultivateurs l'utilité d'introduire, dans leurs habitudes, des soins, de l'ordre et une économie qui, malheureusement, n'existent nulle part, en France, dans le traitement des fumiers. Nous regrettons donc vivement qu'on ait laissé mourir Jauffret dans un état voisin de la misère, et qu'on n'ait pas largement récompensé l'humble paysan qui montra une si haute intelligence de la question fondamentale de l'agriculture. Puissent les efforts, dignes d'éloges, de son disciple, M. Turrel, avoir une toute autre destinée !

L'art de préparer les fumiers est, sans contredit, en agriculture, l'opération la plus utile et qui réclame le plus de soins. Malheureusement, chez nous, du moins, c'est celle qu'on néglige le plus. Voilà pourquoi j'ai cru devoir m'étendre sur ce sujet, que je suis bien loin toutefois, d'avoir épuisé.

En général, et je ne puis, en finissant, m'empêcher de dire cette vérité : nos fermiers ne sentent pas assez l'importance qui est attachée à la connaissance, à la production et à la bonne administration des engrais. La Normandie n'aurait, ainsi que l'a dit, il y a déjà longtemps, le célèbre *agronome* Arthur Young, à envier à la Flandre aucun de ses riches produits, sans la négligence avec laquelle on laisse perdre une foule de substances et de résidus qui pourraient doubler et tripler la fécondité de son sol.

A toutes les époques et dans toutes les régions, la prospérité de l'agriculture a toujours été proportionnée à l'importance attachée aux engrais. Les voyageurs racontent qu'en Chine, où l'agriculture accomplit des merveilles, il n'est pas de barbier qui ne recueille précieusement, dans l'intérêt du jardinage, les cheveux et toute l'eau de savon de sa boutique; les lois du pays défendent de jeter les excréments humains, et il y a dans chaque maison, ainsi que le long des chemins, des réservoirs construits avec beaucoup de soin, des petits vases disposés pour les recueillir au profit de la culture. Les vieillards, les femmes et les enfants s'occupent à délayer et à déposer cet engrais près des plantes, en doses convenables.

En Flandre, l'utilité des engrais est tellement appréciée, que l'avidité qu'on met à s'emparer des moindres ordures dispense l'administration municipale de tous les soins, de toutes les dépenses dans lesquelles elle est, chez nous, obligée de descendre, souvent sans succès, pour la propreté et l'assainissement de la voie publique. Dans toutes les villes, un grand nombre d'individus semblent épier le moment où l'on jettera quelque chose par les fenêtres, celui où les bestiaux viendront à passer, pour faire leur profit de tout ce qui peut être ramassé; on les voit même se presser, au péril de leur vie, entre des rangs de cavalerie, pour y exercer les premiers ce genre d'industrie. Les soins apportés à la récolte des engrais liquides, à la manipulation des fumiers dans des réservoirs murés, à leur disposition dans les cours des fermes, à leur transport sur le terrain, ne sont pas moins dignes de toute notre attention, et l'on a peine à concevoir que des méthodes si utiles et généralement pratiquées à une bien faible distance de notre département, n'y aient pas encore pénétré de proche en proche.

L'économie rurale n'arrivera, en Normandie, à l'état prospère et vraiment prodigieux que nous présente l'agriculture de la Flandre, de l'Angleterre et d'une grande partie de l'Allemagne, que lorsque tous nos cultivateurs, grands et petits, seront bien imbus de cette maxime :

« **Que la disette des engrais est la cause de la stérilité d'un pays, et qu'en vain on perfectionne les méthodes de culture, si l'on néglige les sources de la fécondité du sol.** »

FIN.

TABLE

DES DIVISIONS DE L'OUVRAGE.

Pages.

Aux cultivateurs Normands. 1

Des fumiers. 1

§ I. De la nature des excréments des animaux. 2

A. Excréments des oiseaux. 3

Colombine. 3

Poulaitte. 5

Guano. 6

B. Excréments des herbivores. . . . 11

Fumier de porc . . . 11

des bêtes à cornes. . 13 et 14

de cheval. . 13 et 15

des bêtes à laine. . . . 13 et 18

C. Urines des animaux de l'homme. 23

D. Excréments de l'homme, gadoue, poudrette, engrais flamand. . . . 30

§ II. Influence de la nourriture et de l'organisation des animaux. 39

Tableau du produit d'un hectare en fourrage vert et sec, et du fumier qui en provient 43

§ III. De la nature de la litière donnée aux animaux 45

des pailles des céréales et autres plantes. . . 46

des débris végétaux et des plantes sauvages. 59

de la terre sèche employée comme litière. . . . 55

§ IV De la manière de traiter les fumiers. . 59
Du purin. 62
Méthode de Mathieu de Dombasle. . 64
de Schwerz. 71
Suisse 76
de Voght. 77
Belge 84
Gulle ou Lizier. 93
Du fumier normal. 98
Poids comparatifs des divers fumiers. 99
Des fumiers longs et courts. 100
Composition chimique des fumiers au sortir des écuries. 102
Phénomènes de la fermentation. . . . 104
Opinion des agronomes sur l'état sous lequel on doit employer les fumiers. 106
Méthode de M. Schattenmann pour le fumier de cheval 117
Méthode du pays de Munster pour conserver le fumier. 119
Epandage du fumier sur les champs. . 121
§ V. Des fumiers de ville et des composts. . 126
Fumiers de ville. 126
Composts. 129
Engrais Jauffret. 136

www.ingramcontent.com/pod-product-compliance
Ingram Content Group UK Ltd.
Pitfield, Milton Keynes, MK11 3LW, UK
UKHW021055200726
13857UKWH00003B/929